华清远见 HQYJ.COM

工业和信息化精品系列教材

Java 编程技术基础

微课版

刘洪涛 吴昊 ◎ 主编

姚敏 王志军 王洪海 ◎ 副主编

人 民 邮 电 出 版 社

北 京

图书在版编目（CIP）数据

Java编程技术基础 : 微课版 / 刘洪涛, 吴昊主编
. -- 北京 : 人民邮电出版社, 2021.4（2021.12重印）
工业和信息化精品系列教材
ISBN 978-7-115-55991-3

Ⅰ. ①J… Ⅱ. ①刘… ②吴… Ⅲ. ①JAVA语言—程序设计—教材 Ⅳ. ①TP312.8

中国版本图书馆CIP数据核字(2021)第028385号

内 容 提 要

本书较为全面地介绍了 Java 核心编程技术，内容涵盖了 Java 语言概述、Java 语言的基本语法、运算符与流程控制、面向对象基础、继承与多态、接口、异常、常用类、集合框架、输入与输出、多线程、网络程序设计、JDBC 数据库编程，以及综合案例等。每个章节都配有表格、图片与示例代码，同时向读者提供若干思考题进行个人巩固与提升。

本书可以作为高校计算机相关专业及非计算机专业编程课程的教材，也可以作为计算机软件培训班教材，并适合 Android、Java Web 等计算机领域专业人员和广大爱好者自学参考使用。

◆ 主　　编　刘洪涛　吴　昊
　副 主 编　姚　敏　王志军　王洪海
　责任编辑　初美呈
　责任印制　王　郁　彭志环

◆ 人民邮电出版社出版发行　　北京市丰台区成寿寺路 11 号
　邮编　100164　　电子邮件　315@ptpress.com.cn
　网址　https://www.ptpress.com.cn
　固安县铭成印刷有限公司印刷

◆ 开本：787×1092　1/16
　印张：13.25　　　　　　2021 年 4 月第 1 版
　字数：321 千字　　　　　2021 年 12 月河北第 2 次印刷

定价：49.80 元

读者服务热线：(010)81055256　印装质量热线：(010)81055316
反盗版热线：(010)81055315
广告经营许可证：京东市监广登字 20170147 号

前 言 PREFACE

Java 从诞生至今已有 20 余年，如今已应用于个人计算机、移动设备、服务器等各种平台，是计算机领域的核心语言之一，也是计算机行业及互联网行业开发人员必须掌握的编程语言之一。因此，Java 编程也成为高校计算机相关专业的一门重要的专业基础课程。

本书内容覆盖面广，讲解通俗易懂，在 Java 语言的讲解上由浅入深、循序渐进，可以让读者在阅读的过程中不断得到提升。除了 Java 语言的语法外，本书还图文并茂地讲述了 MySQL 数据库的配置等内容。本书在每章的最后都设置了小结以及思考与练习模块，可以帮助读者及时总结和巩固所学内容。

本书主要特点如下。

1．内容循序渐进、由浅入深

本书从环境搭建开始，通过基本语法、面向对象基础、Java 高级用法与具体项目开发的介绍与讲解，使读者在不断巩固基础的前提下，一步步获得提升。

2．实际项目开发与理论教学紧密结合

本书的知识点讲解均配有实际代码，并在最后一章安排了一个实践项目，使学习不止于理论层面，使读者在实践过程中深化对理论知识的理解。

3．内容充实、实用

本书所用案例均来自于企业和市场应用实例，使读者在完成课程学习后能够立即进行开发实践，做到学以致用。

为方便读者学习，本书配套了微课视频，读者可以通过扫描二维码进行微课观看。读者还可登录人邮教育社区（www.ryjiaoyu.com）免费下载本书全部实例的源代码等相关学习资料。

本书编者有着多年的实际项目开发经验以及丰富的教育教学与培训经验，完成了多轮次、多类型的教育教学改革与研究工作。在本书编写过程中，编者得到了北京华清远见教育集团多位工程师的大力指导。武汉东湖学院姚敏负责全书的审核校对，在此感谢武汉东湖学院电子信息工程学院在本书撰写过程中所提供的宝贵意见和帮助。

由于编者水平有限，书中不妥或疏漏之处在所难免，殷切希望广大读者批评指正。

编　者

2021 年 1 月

目 录 CONTENTS

第1章 Java 语言概述

本章主要带领读者初步了解 Java 开发以及在 Windows 操作系统中配置 Java 开发环境的方法，从而为后面的学习打下基础。

本章要点

- Java 语言简介
- JDK 的安装与配置
- Eclipse 的使用
- Java API 介绍

1.1 Java 语言的诞生

1990 年，Sun 公司〔美国太阳微系统公司，现已被 Oracle 公司（美国甲骨文公司）收购〕计划为智能化家用电器设备开发一个跨平台的控制系统，公司的领导人比尔·乔伊初期计划使用 C++语言来完成构建，但是评估时发现 C++语言的烦琐性（如内存回收等）并不适合用于完成这个项目，因此比尔·乔伊打算开发一种新的语言——Oak。

在这种情况下，新加入 Sun 公司的詹姆斯·高斯林（历史上公认的 Java 之父）与帕特里克·诺顿、迈克·雪尔顿等人合作开启了“绿色计划”，进行 Oak 语言的开发与移植。然而，由于种种原因，“绿色计划”被终止。

随着 20 世纪 90 年代互联网的发展，Sun 公司看到了 Oak 语言在互联网上的应用前景，于是着手对 Oak 进行改造，并于 1995 年 5 月将 Oak 以 Java 的名称正式发布。随着互联网的发展，Java 语言至今仍然保持着霸主地位。

2009 年 4 月，Java 随 Sun 公司一并被 Oracle 公司收购。

1.2 Java 简介

Java 语言的风格十分类似于 C++，并且其优化了 C++面向对象的编程思想。与传统的语言不同，Sun 公司在推出 Java 时，就将其作为开放的技术，全球所有 Java 开发公司设计的 Java 程序被要求必须相互兼容，Java 语言的口号是“Java 语言靠群体的力量而非公司的力量”，这种鲜明的特征依然保持至今。

Java 语言倡导的思想与微软公司的封闭式思想相反，微软公司后期推出了与之竞争的.NET 平台以及模仿 Java 的 C#语言。

如今 Java 仍然保持着活力，近年来被大量用于移动开发（Android 系统上层开发使用 Java 语言），Java 是一门十分实用的编程语言。

1.3 Java 语言的特点

Java 的设计基于 C++语言的二次优化，其摒弃了很多 C++在开发中的烦琐内容，如取消了指针、运算符重载、多继承等。Java 在精简编程的基础上进行了优化，如使用单继承与接口来模拟多继承和增加垃圾回收器等。Java 语言也不断在发展中完善自己的设计，如在 Java SE 1.5 版本中引入了泛型、不定长参数与装箱拆箱的机制等。

Sun 公司对 Java 语言的定位如下：Java 编程语言是一门简单、面向对象、分布式、解释性、健壮、安全与系统无关、可移植、高性能、多线程与动态的语言。

1.4 Java 的运行机制

在学习 Java 的运行机制之前，首先要清楚 Java 是一门跨平台的编程语言，那么跨平台的特点是如何实现的呢？这里要引入一个概念：Java 虚拟机（Java Virtual Machine，JVM）。

无论在何种平台上运行 Java 程序，该平台都要运行 JVM，JVM 负责将计算机看不懂的编程语言翻译成机器语言。也就是说，要运行 Java 程序就必须存在 JVM，JVM 是封装在 Java 运行环境（Java Runtime Environment，JRE）中的。如果计算机只想运行 Java 程序，那么只安装 JRE 即可。

然而，一名开发者不应该只满足于运行 Java 程序，还应在此基础上了解整个编译运行过程，如图 1-1 所示。

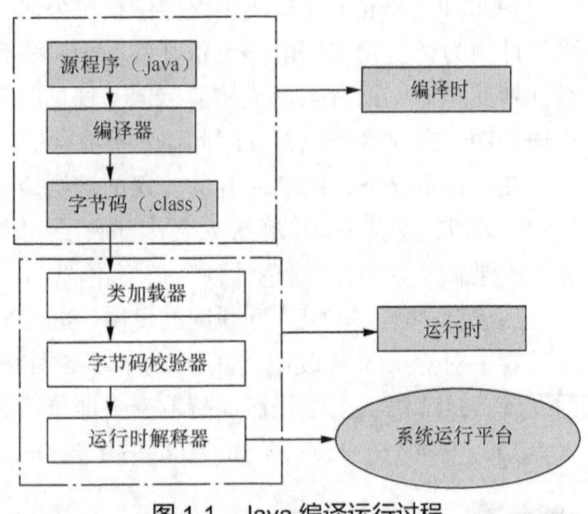

图 1-1 Java 编译运行过程

开发者编写的源程序是.java 格式的，.java 代码经过编译器的首次编译，生成字节码（.class）文件，字节码文件是无法直接被计算机识别的，这一点与 C 语言不同。

字节码文件可以随平台进行移植，但无论在何种平台上运行字节码都需要经过 JVM 的解释，即将中间的字节码文件解释成计算机能够识别的机器语言，从而在各种环境下运行。

从上面的整个过程可以发现，只有 JVM 时开发者是无法进行程序编译的，因此要引入 Java 开发工具集（Java Development Kits，JDK）的概念。

1.5 JDK 的安装

JDK 是 Java 开发者必须要安装并配置的核心环境，其包含 JRE。下面围绕 JDK 的安装与配置进行讲解。

1.5.1　下载 JDK

Oracle 官方网站为开发者提供了 JDK 的下载链接，本书以 1.8 版本为例。

Java 提供了多种操作系统的安装包，如图 1-2 所示。笔者的操作系统是 64 位的 Windows，因此这里要选择下载最后一项。读者可以根据自己的操作系统进行下载。

Java SE Development Kit 8u161

You must accept the Oracle Binary Code License Agreement for Java SE to download this software.

Thank you for accepting the Oracle Binary Code License Agreement for Java SE; you may now download this software.

Product / File Description	File Size	Download
Linux ARM 32 Hard Float ABI	77.92 MB	jdk-8u161-linux-arm32-vfp-hflt.tar.gz
Linux ARM 64 Hard Float ABI	74.88 MB	jdk-8u161-linux-arm64-vfp-hflt.tar.gz
Linux x86	168.96 MB	jdk-8u161-linux-i586.rpm
Linux x86	183.76 MB	jdk-8u161-linux-i586.tar.gz
Linux x64	166.09 MB	jdk-8u161-linux-x64.rpm
Linux x64	180.97 MB	jdk-8u161-linux-x64.tar.gz
macOS	247.12 MB	jdk-8u161-macosx-x64.dmg
Solaris SPARC 64-bit (SVR4 package)	139.99 MB	jdk-8u161-solaris-sparcv9.tar.Z
Solaris SPARC 64-bit	99.29 MB	jdk-8u161-solaris-sparcv9.tar.gz
Solaris x64	140.57 MB	jdk-8u161-solaris-x64.tar.Z
Solaris x64	97.02 MB	jdk-8u161-solaris-x64.tar.gz
Windows x86	198.54 MB	jdk-8u161-windows-i586.exe
Windows x64	206.51 MB	jdk-8u161-windows-x64.exe

图 1-2　不同平台下的 JDK 下载

1.5.2　安装 JDK

V1-1 安装 JDK

下载完成后，双击“jdk-8u161-windows-x64.exe”，进行安装。安装的过程并不复杂，笔者建议读者不要修改安装路径，初学者使用默认路径最稳妥，如图 1-3 所示。JDK 的默认安装路径为 C:\Program Files\Java\jdk1.8.0_161\。

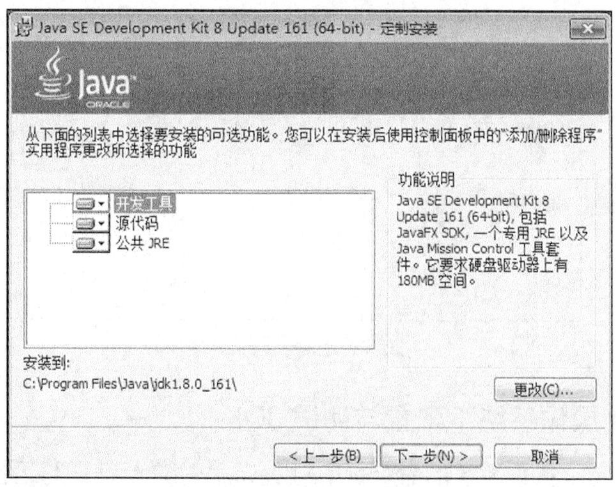

图 1-3　JDK 的安装

单击“下一步”按钮，开始 JDK 的安装。不同的计算机需要的时间会不同，只需要耐心等待即可。

JDK 安装完成后，会自动进入子模块 JRE 的安装，同样，强烈建议使用默认路径，如图 1-4 所示。其默认路径为 C:\Program Files\Java\jre1.8.0_101。

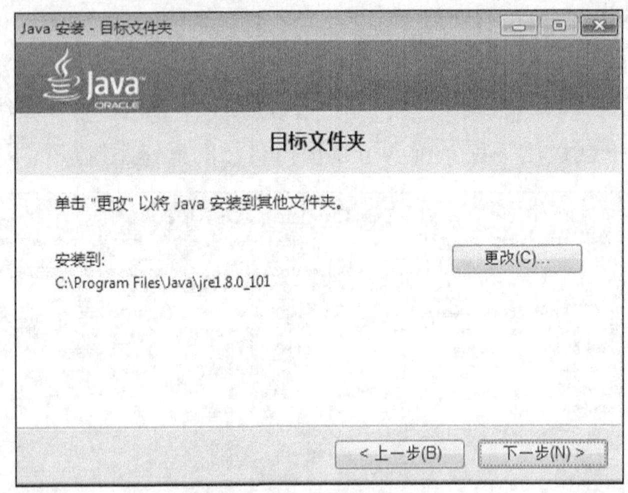

图 1-4　JRE 的安装

单击“下一步”按钮，开始子模块 JRE 的安装，安装成功的页面如图 1-5 所示。

单击“关闭”按钮，完成安装。

值得一提的是，如果计算机已经安装过 JDK，则建议先删除之前的 JDK 版本后再进行安装。

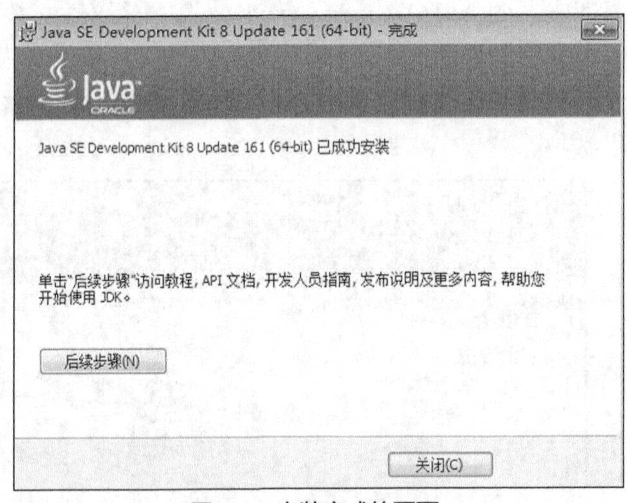

图 1-5　安装完成的页面

1.5.3　Windows 操作系统下配置与测试 JDK

为了能在 Windows 操作系统的命令行中对 Java 程序进行编译与运行，需要在 Windows 下对 JDK 进行配置。

V1-2 配置与测试 JDK

右键单击“计算机”（不同的操作系统下也称“此电脑”或“我的电脑”）图标，在弹出的快捷菜单中选择“属性”选项，打开“系统”窗口，单击“高级系统设置”链接，在弹出的“系统属性”对话框中选择“高级”选项卡，如图 1-6 所示。

单击右下角的“环境变量”按钮，在弹出的“环境变量”对话框中配置环境变量，如图 1-7 所示。

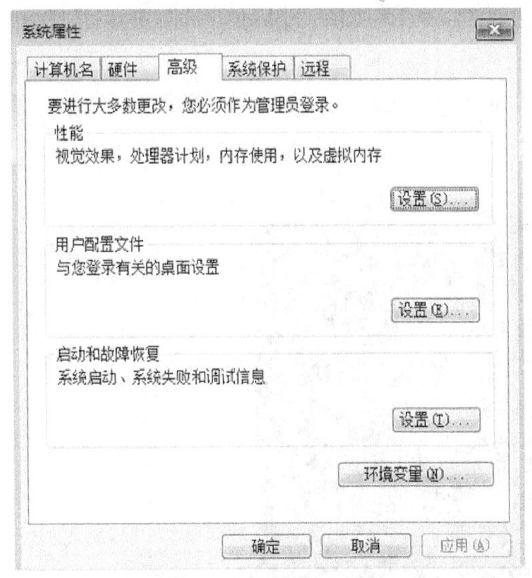

图 1-6 “高级”选项卡

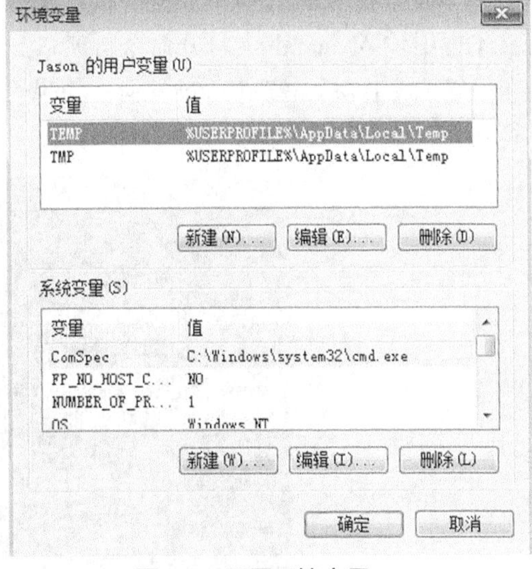

图 1-7 配置环境变量

在“系统变量”选项组中单击“新建”按钮，在弹出的“新建系统变量”对话框的“变量名”文本框中输入“JAVA_HOME”，在“变量值”文本框中输入 JDK 的安装路径（如果按照前文的步骤，则应是图 1-8 所示的默认路径），单击“确定”按钮，完成 JAVA_HOME 的配置，如图 1-8 所示。

在“系统变量”选项组中单击“新建”按钮，在弹出的“新建系统变量”对话框的“变量名”文本框中输入“CLASSPATH”，在“变量值”文本框中输入“;%JAVA_HOME%\lib\dt.jar;%JAVA_HOME%\lib\tools.jar;”，单击“确定”按钮，完成 CLASSPATH 的配置，如图 1-9 所示。

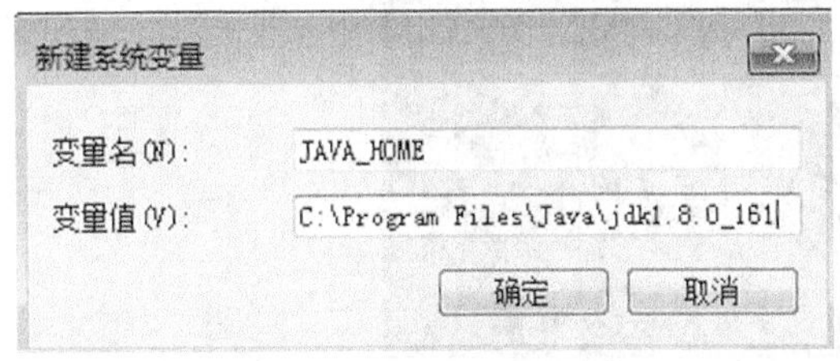

图 1-8 JAVA_HOME 的配置

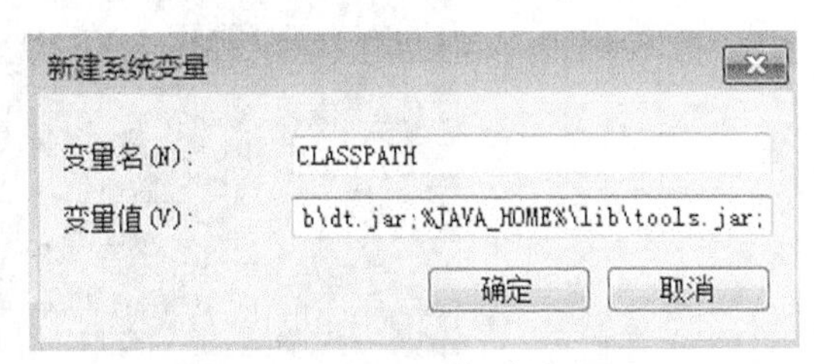

图 1-9 CLASSPATH 的配置

在“系统变量”列表中找到 Path 变量，这是计算机中自带的变量，无须新建。可以发现 Path 变量中已经有了很多路径，双击 Path 变量名，弹出“编辑系统变量”对话框（Windows 10 的用户需单击“编辑文本”按钮），进行 Path 的配置，如图 1-10 所示。

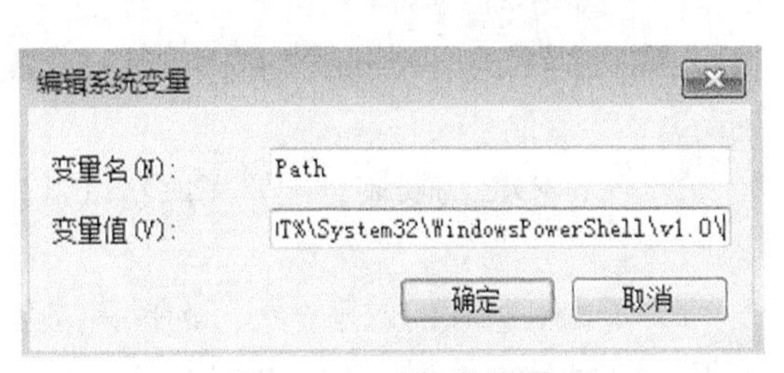

图 1-10 Path 的配置

将光标移动到“变量值”文本框值的最后，

加入一个英文的分号“;”来表示不同路径的分割，输入“%JAVA_HOME%\bin; %JAVA_HOME%\jre\bin;”，单击“确定”按钮，完成配置。

下面进行 JDK 配置的验证，按“Win+R”组合键，在弹出的“运行”对话框的“打开”文本框中输入“cmd”，打开命令行窗口。

输入“java”，按“Enter”键，如果 JDK 正确配置，则会出现图 1-11 所示的命令执行内容。

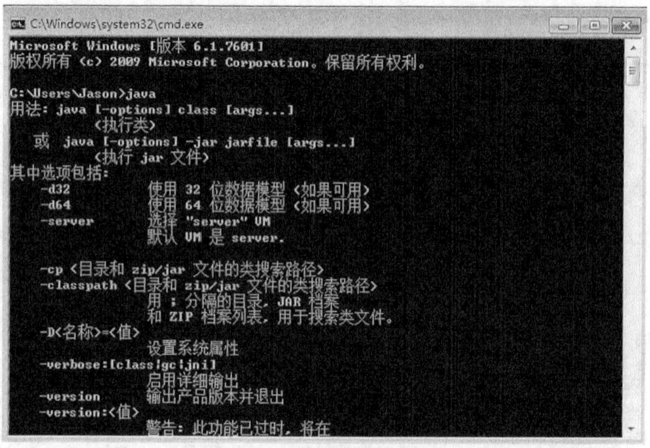

图 1-11　命令执行内容 1

输入“javac”，按“Enter”键，在 Java 正确安装配置的情况下，会出现图 1-12 所示的命令执行内容。

图 1-12　命令执行内容 2

输入“java –version”，按“Enter”键，可以查看安装配置的 JDK 版本，如图 1-13 所示。

至此，JDK 的安装与配置完成，可以在 Windows 操作系统下对 Java 代码进行单独编译与运行。

为了提高编程的效率，可以选择集成开发环境（Integrated Development Environment，IDE）进行 Java 编程，本书使用 Eclipse 开发工具进行开发。

当然，为了分步理解 Java 的编译与运行过程，也可以使用上述配置好的命令行环境进行 Java 编译与运行，这也是一个程序员在初期学习阶段必备的一些技能。

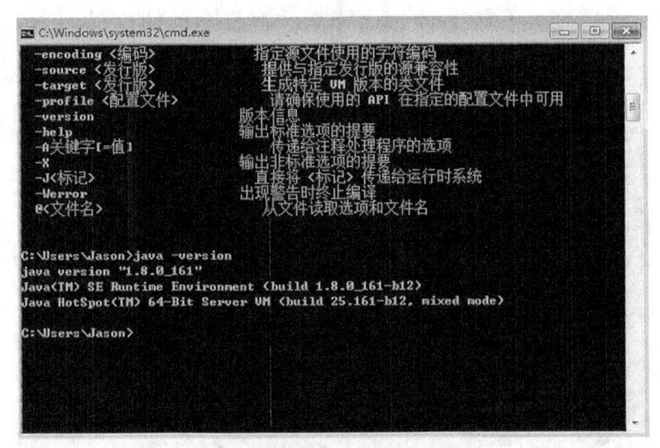

图 1-13　查看安装配置的 JDK 版本

下面使用命令行进行 HelloWorld 程序的开发。

V1-3 第一个程序

1.6　Java 程序开发过程

新建一个文本文档，用记事本打开文档后输入以下代码。

```
public class HelloWorld{

    public static void main(String[] args){
        System.out.println("HelloWorld!");
    }


}
```

上面代码的功能是在计算机上输出“HelloWorld”。保存文本文档后，将其文件名修改为 HelloWorld.java（Java 中要求文件名必须与代码中的类名相同），注意这里是文件的完整名称，包含扩展名。Windows 操作系统默认不显示扩展名，需要选择“开始”→“控制面板”→“文件夹选项”→“查看”选项卡，取消勾选“隐藏已知文件类型的扩展名”复选框，以显示文件扩展名，如图 1-14 所示。

在命令行窗口中进入 HelloWorld.java 文件所在的文件夹，笔者的路径为 E:\Test\HelloWorld.java。

输入“E:”后，按“Enter”键进入计算机的 E 盘，使用“cd Test”命令进入 E:\Test 文件夹，如图 1-15 所示。

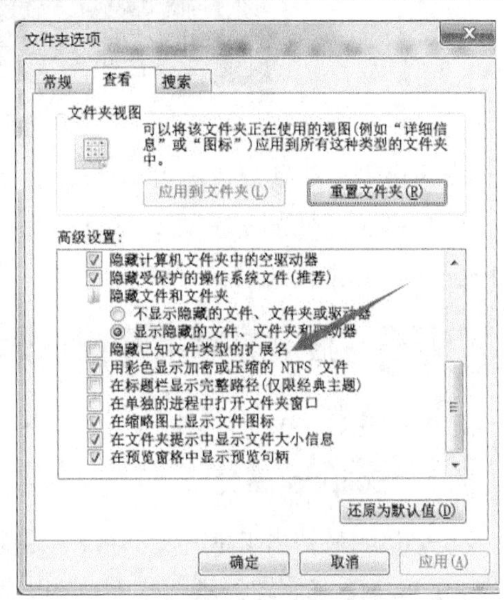

图 1-14　显示文件扩展名

输入“javac HelloWorld.java”命令后，按“Enter”键执行编译命令，执行后可以发现文件夹中生成了 HelloWorld.class 文件，这个文件就是字节码文件。

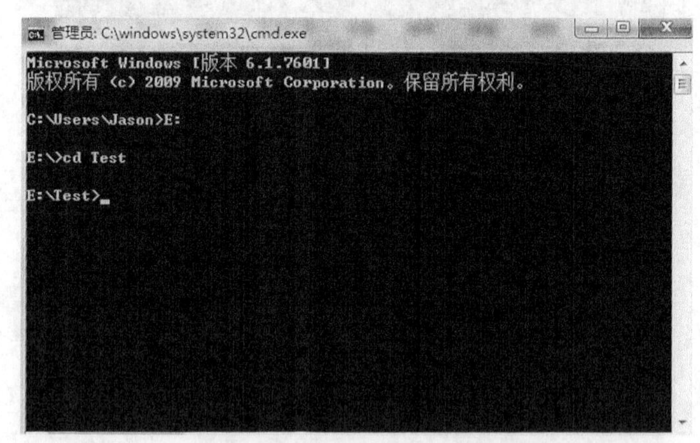

图 1-15 进入 E:\Test 文件夹

随后，在命令行窗口中输入“java HelloWorld”，按“Enter”键运行字节码文件，可以发现在程序中编写的“HelloWorld!”已经成功输出，如图 1-16 所示。

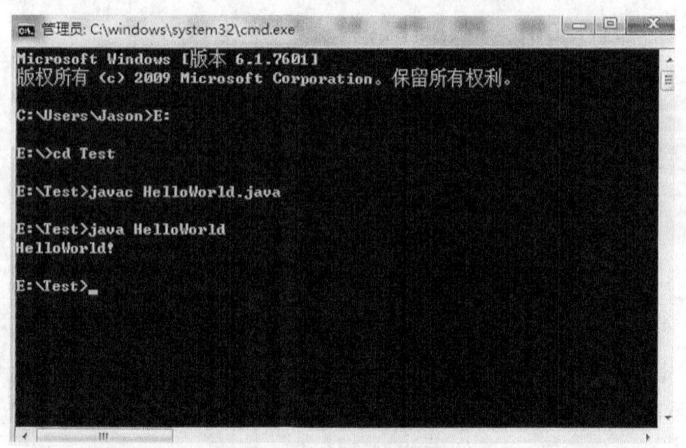

图 1-16 运行程序

通过上面的步骤可以发现，通过命令行编写代码并运行 Java 程序的过程是比较烦琐的，特别是对于后续的大型项目而言，如果使用这种方式来运行，效率较低。因此本书使用 Eclipse 工具来编写 Java 程序。

1.7 Java 开发工具 Eclipse

Eclipse 是 Java 开发中最常见的 IDE，绝大多数程序员使用它进行 Java 的开发。

1.7.1 Eclipse 简介

Eclipse 最初由 IBM 公司开发，目前其由 Eclipse 基金会管理。Eclipse 主要用于 Java 开发，也可以通过插件扩展用于 C++、Python、PHP 等语言的开发工作，值得一提的是，Eclipse 本身也是由 Java 编写的，因此使用它的前提是计算机拥有 Java 环境。

1.7.2　Eclipse 的安装与启动

在 Eclipse 的官方网站可以选择 Eclipse 的版本。笔者下载的是 eclipse-committers-oxygen-3-win32-x86_64.zip，如图 1-17 所示。

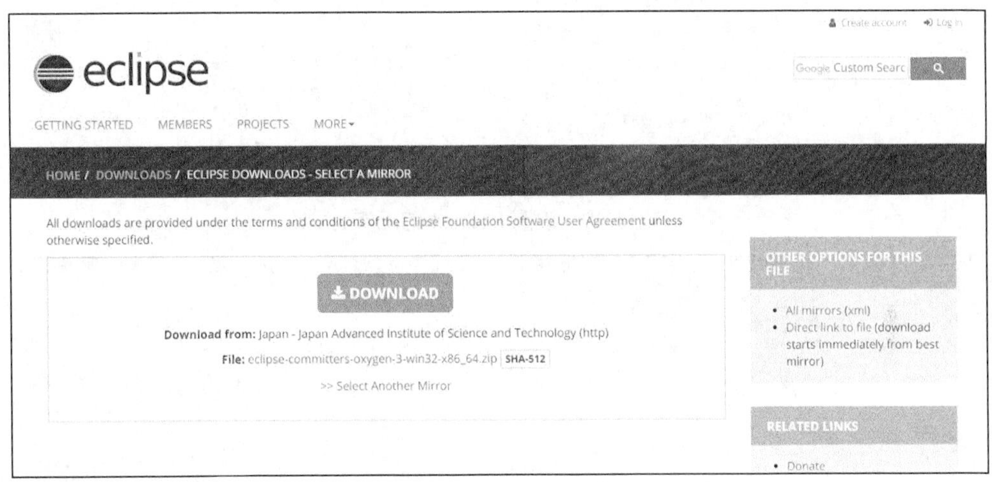

图 1-17　Eclipse 的下载

下载完成后得到一个 ZIP 压缩包，Eclipse 本身是一款免安装的软件，直接解压缩即可使用。

解压缩完成后，进入 Eclipse 所在的文件夹，双击"eclipse.exe"程序，启动 Eclipse，如图 1-18 所示。

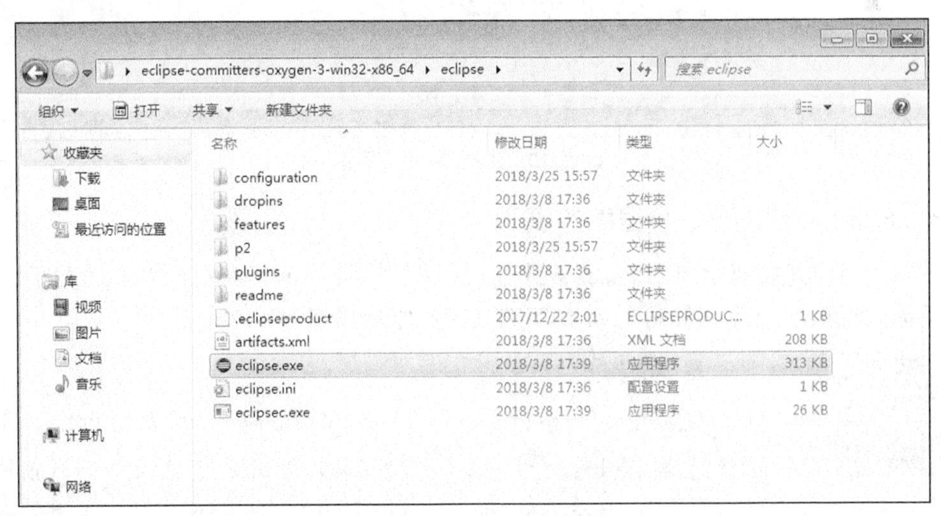

图 1-18　Eclipse 的启动

在 Eclipse 启动过程中会弹出一个对话框，这个对话框用于设置 Eclipse 的工作区（Workspace），即设置一个文件夹作为 Java 代码保存的位置，如图 1-19 所示，单击"Launch"按钮后，正式启动 Eclipse。

第一次启动后，会进入欢迎（Welcome）页面，关闭此页面后进入 Eclipse 工作页面，如图 1-20 所示。

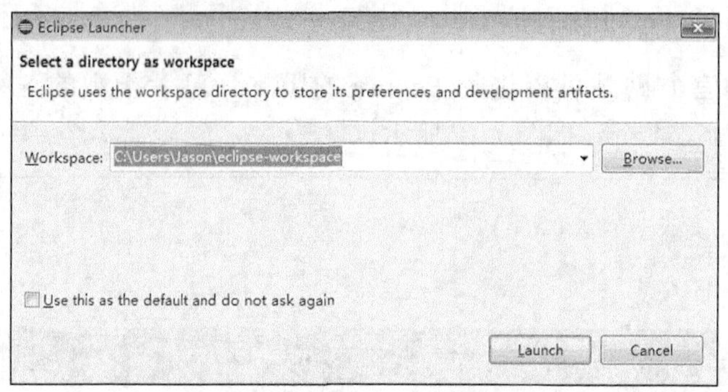

图 1-19　设置 Eclipse 的工作区

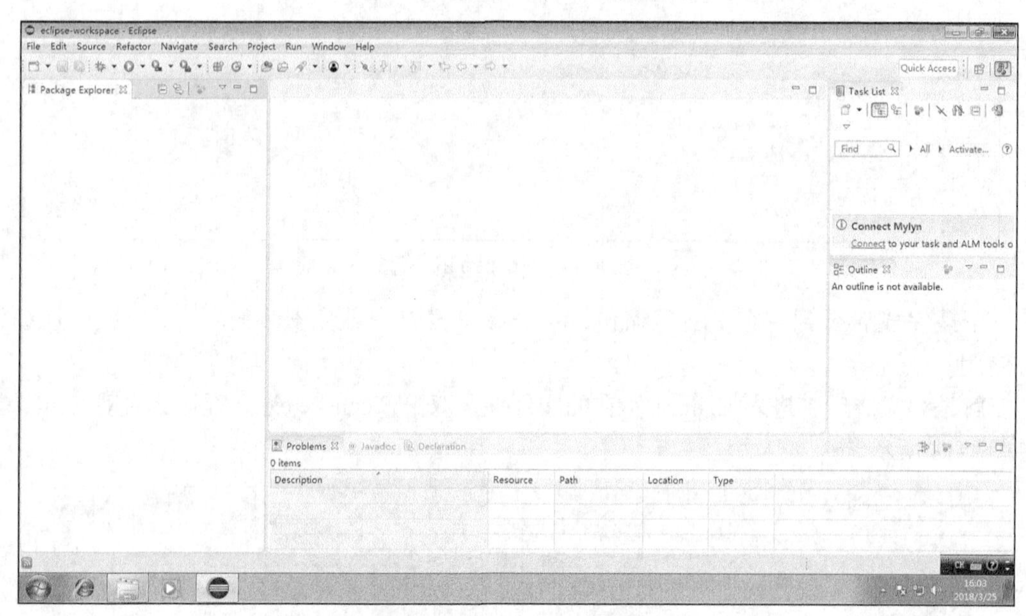

图 1-20　Eclipse 工作页面

1.7.3　Eclipse 编写 Java 程序的流程

本节主要讲述如何使用 Eclipse 来创建一个完整的项目并将项目结果运行出来，读者应熟练掌握此流程。Eclipse 编写 Java 程序的具体操作步骤如下。

V1-4 Eclipse 编写 Java 程序

1. 新建项目

在 Eclipse 中运行 1.6 节的 HelloWorld 程序，首先在 Eclipse 工作页面中选择“File”→“New”→“Java Project”选项，打开新建项目的窗口，在“Project name”文本框中输入“HelloWorld”后单击“Finish”按钮，如图 1-21 所示。

2. 新建类文件

新建的项目在屏幕左侧的包资源管理（Package Explorer）窗口中显示，展开项目节点后，右键单击 src 文件夹，在弹出的快捷菜单中选择“New”→“Class”选项，打开新建类文件的窗口，在“Name”文本框中输入“HelloWorld”，单击“Finish”按钮，如图 1-22 所示。

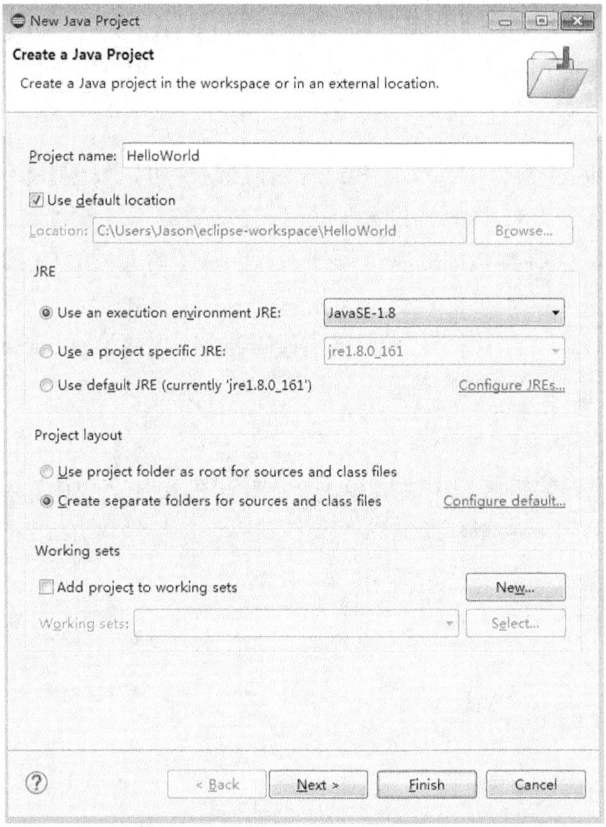

New Java Project

Create a Java Project

Create a Java project in the workspace or in an external location.

Project name: HelloWorld

☑ Use default location

Location: C:\Users\Jason\eclipse-workspace\HelloWorld　Browse...

JRE

◉ Use an execution environment JRE: JavaSE-1.8

○ Use a project specific JRE: jre1.8.0_161

○ Use default JRE (currently 'jre1.8.0_161')　Configure JREs...

Project layout

○ Use project folder as root for sources and class files

◉ Create separate folders for sources and class files　Configure default...

Working sets

☐ Add project to working sets　New...

Working sets:　Select...

< Back　Next >　Finish　Cancel

图 1-21　新建项目

New Java Class

Java Class

The use of the default package is discouraged.

Source folder: HelloWorld/src　Browse...

Package: (default)　Browse...

☐ Enclosing type:　Browse...

Name: HelloWorld

Modifiers: ◉ public ○ package ○ private ○ protected

☐ abstract ☐ final ☐ static

Superclass: java.lang.Object　Browse...

Interfaces:　Add...

Remove

Which method stubs would you like to create?

☐ public static void main(String[] args)

☐ Constructors from superclass

☑ Inherited abstract methods

Do you want to add comments? (Configure templates and default value here)

☐ Generate comments

Finish　Cancel

图 1-22　新建类文件

可以发现，在 src 文件夹中出现了一个 HelloWorld.java 文件，src 就是保存 Java 代码的文件夹，之后要经常使用该文件夹。

3. 代码编写

在 Package Explorer 窗口中，双击 HelloWorld.java，可以发现在窗口中间区域出现了代码编辑窗格，并且部分 Java 代码已经由 Eclipse 自动生成了。

Eclipse 只会自动生成类文件的基本框架，其无法了解开发者的思维，因此程序的具体功能需要手动输入。

在 HelloWorld.java 文件中编写之前的输出代码，主要内容为 public static void main(String[] args)方法与输出语句，如图 1-23 所示。

4. 运行程序

运行程序，在代码编辑区域中右键单击，在弹出的快捷菜单中选择“Run As”→“Java Application”选项，Eclipse 会自动编译并运行程序，运行结果在 Console 窗格中显示，如图 1-24 所示。

```
HelloWorld.java
1
2 public class HelloWorld {
3
4     public static void main(String[] args) {
5         System.out.println("HelloWorld");
6     }
7
8 }
9
```

图 1-23 代码编写

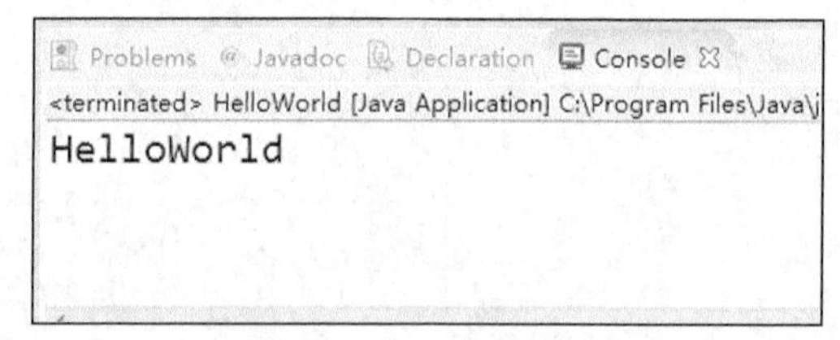

图 1-24 运行结果

1.8 编程风格

编程风格又称为编码规范，是对代码格式的标准化要求，标准化代码格式有助于提高团队协作的效率、代码的阅读性与可维护性。不同的团队会定制不同的要求，本书仅简单介绍一些行业通用的规范供读者参考。

1. 编码

通常情况下使用 UTF-8 的编码格式，Eclipse 默认使用 GBK 编码格式。

2. 缩进

不同的层级结构使用一个占位符表示层级缩进，某些情况下也可以用 4 个空格来代替。

3. 注释

合理利用注释可以增加代码的阅读性，主要分为以下 3 种注释。

① “//”为单行注释。

② “/*…*/”为单行或多行注释。

③ “/**…*/”可以用于文档化处理的单行或多行注释。

4. 运算符

运算符与运算数之间使用空格分隔，如 a = 3 + 4。

5. 包

包名使用小写英文字母表示，用“.”分隔，如 com.hqyj.www。

6. 类与接口

类名与接口名使用大驼峰命名法（官方名称为帕斯卡命名法），即每个单词的首字母大写，如 FileInputStream。

7. 方法、变量与数组

方法、变量与数组名称使用小驼峰命名法（官方名称为驼峰命名法），即第一个单词所有字母均小写，其余所有单词的首字母大写，如 sendMessage。

8. 常量

常量名称使用大写英文字母表示，用“_”分隔，如 DATABASE_VERSION。

1.9 Java API 简介

Java 应用编程接口（Java Application Programming Interface，Java API）是一些预先定义的 Java 方法，开发者无需考虑 Java API 的源码及其内部工作机制，可以直接调用其功能。

很多情况下，开发者并不能了解所有的 Java API 的功能，因此需要通过查看 API 文档来进行学习。

1. 下载 Java API

Oracle 官方提供了 API 文档供开发者查阅学习，读者可以下载相应语言与版本的 API 文档。值得一提的是，虽然没有提供新版本的文档，但是 Java 的基础功能已经比较完善了，笔者使用的是 1.7 版本的中文本地文档。

2. 在线 Java API

如果读者英文能力较好且希望查看新版本的 API 文档，Oracle 官方也提供在线 API 供开发者查询。

小结

本章主要介绍 Java 编程思想，并为后续 Java 的学习搭建开发环境，虽然不涉及编程的语法，但本章仍然是比较重要的一个环节，希望读者从现在开始，逐渐进入开发者的世界。

思考与练习

1. Java 程序是如何在计算机中运行的？
2. Eclipse 如何运行一个 Java 程序？

第2章 Java语言的基本语法

编程是一门对数据进行操作的学科，因此本章主要引领读者认识一些Java中常见的数据及基础语法，为后面章节中的数据编程打下基础。

本章要点

- 关键字与标识符
- 常量与变量
- 数据类型
- 数组

2.1 关键字与标识符

本节主要对Java中已经定义的常见关键字与标识符进行讲解。关键字是Java中一些被赋予特定含义并有特殊用途的英文单词，其优先级非常高，在编程中应该尽量避免因个人用途使用关键字；标识符是为变量、方法与类等命名的字符序列，Java中对标识符有严格的使用规范。

2.1.1 Unicode字符集

刚刚接触编程的读者可能会有一个疑问，程序中的各种字符是如何显示的？计算机中只有二进制的概念，因此为了兼容现实中的各种字符表示，Java引入了字符编码（字符集）的概念，即使用不同的二进制数据来表示现实中的各种字符。字符集的标准有很多，如EBCDIC、ASCII以及Unicode等，各种字符集的定义不同，Java使用Unicode字符集进行字符编码。

Unicode字符集也被称为统一码，因为其对世界上大部分的文字进行了整理与编码，并且由统一码联盟不断地对其进行维护与更新。

2.1.2 关键字

关键字是Java中一些被赋予特定含义并有特殊用途的英文单词，关键词中的字母应全部小写，如default是关键字，而DEFAULT不是关键字。goto与const在Java中无法使用，但是仍然作为可拓展的单词进行了关键字的保留。true与false虽被用作特殊的用途，但其不是关键字。

Java中一共有51个关键字和2个保留关键字，见表2-1。

表 2-1　Java 关键字与保留关键字

abstract	assert	boolean	break	byte	continue
case	catch	char	class	false	double
default	do	extends	else	enum	final
finally	float	for	true	long	if
implements	import	native	new	null	instanceof
int	interface	package	private	protected	public
return	short	static	strictfp	super	switch
synchronized	this	while	void	throw	throws
transient	try	volatile	goto（保留）	const（保留）	

2.1.3　标识符

标识符是 Java 中为变量、方法与类等命名的字符序列，Java 中规定标识符要严格遵守以下规范。

① 以字母、下划线“_”或者符号“$”开头，后面可接字母、数字、下划线“_”与符号“$”。

② 严格区分字母大小写。

③ 不能与 Java 关键字重名。

④ 避免与 Java 类库重名。

⑤ 不能出现特殊符号，如空格以及“@”“#”“+”“-”“*”“/”等符号。

⑥ 长度无限制。

⑦ 应该使用有意义的名称，起到见名知意的作用。

⑧ 不能是 true 或 false。

2.2　常量与变量

V2-1 常量与变量

Java 中的常量与变量是计算机中实际存在的数据载体，这一点与数据方程式中的“变量”不同，常量与变量是 Java 编程中所有计算的基础。

2.2.1　常量的概念及使用要点

常量是“不变化的量”，即在编程中不会被程序修改的量，如数学计算中的圆周率、物理中的重力加速度等。

常量在 Java 中用关键字 final 标记，声明方式如下。

```
final double CIRCLE_PI = 3.1415927;
```

虽然常量名称可以使用小写英文字母，但是为了便于识别，通常使用大写字母并通过下划线分隔来标记常量。

2.2.2　变量的概念及使用要点

变量是计算机中最常用的数据载体，用于标示一个确切的数据值，变量与常量不同，变量的值可以在程序中动态改变。

变量分为成员变量与局部变量，本书的第 4 章将会对它们进行详细介绍。

变量在声明时可以不进行初始化，例如，声明一个整型变量 a 的语句如下。

```
int a;
```

当然，也可以在声明变量的同时完成初始化。

```
int a = 25;
```

局部变量的使用与变量的使用略有不同，详见本书的第 4 章。

2.3 数据类型

Java 的数据类型分为基本数据类型与引用数据类型，也称为内置类型与扩展类型。基本数据类型为 Java 本身提供的数据类型，如整型、浮点型等。而引用数据类型则是在基本数据类型的基础上拓展出的其他类型，Java 自身提供了很多引用数据类型，开发者也可以自行编写所需的引用数据类型，这也是面向对象的体现之一。

V2-2 基本数据类型

2.3.1 基本数据类型

基本数据类型是其他数据类型的基础，其他数据类型都是在基本数据类型的基础上拓展而来的，基本数据类型有 8 种，见表 2-2。

表 2-2 基本数据类型

类型名称	类型定义	类型取值
boolean	布尔型，用于二元判断	true, false
byte	8 位有符号整数	-2^7～（2^7-1）
short	16 位有符号整数	-2^{15}～（$2^{15}-1$）
int	32 位有符号整数	-2^{31}～（$2^{31}-1$）
long	64 位有符号整数	-2^{63}～（$2^{63}-1$）
float	32 位浮点数	（1.4E-45）～（3.4E+38），（-3.4E+38）～（-1.4E-45）
double	64 位浮点数	（4.9E-324）～（1.7E+308），（-1.7E+308）～（-4.9E-324）
char	16 位 Unicode 字符	不适用

8 种基本数据类型可以按照其功能进行分类，如图 2-1 所示。

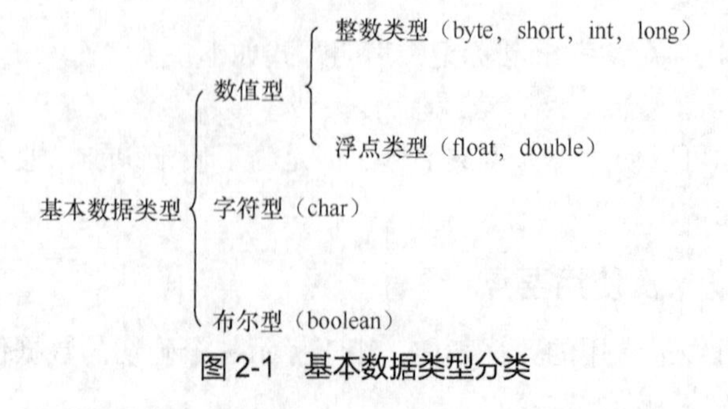

图 2-1 基本数据类型分类

下面分别对各种基本数据类型进行介绍。

1. 数值型

（1）整数类型

Java 中各整数类型的长度与范围固定，不受操作系统等的影响，可保证 Java 程序的可移植性。

整数类型用来存储整数数值，没有小数部分的数值。

整数类型可以是正数，也可以是负数。

整数类型默认为 int 类型。

使用 long 类型时需要在数值后加上“l”或“L”，示例如下。

```
long  income = 30000L;
```

不同的整数类型的长度与范围不同，见表 2-2。

（2）浮点类型

浮点类型是除整数部分外，还有小数部分的数字。

浮点类型分为单精度浮点类型（float）与双精度浮点类型（double），两种浮点类型的长度与范围不同，见表 2-2。

浮点类型默认为 double 类型。

使用 float 类型时需要在数值后加上“f”或“F”，示例如下。

```
float f = 3.14f;
```

2. 字符型

字符型数据仅能用来表示单个字符，不能表示多个字符。

字符型的数值使用单引号“''”表示，示例如下。

```
char c = 'A';
```

Java 字符使用 Unicode 编码，每个字符占用两个字节，可以使用十六进制的编码形式表示，使用前缀 u 表示 Unicode，示例如下。

```
char c = '\u0061';
```

可以使用转义字符来表示特殊的含义，示例如下。

```
char c = '\n'; //表示换行符
```

常用转义字符见表 2-3。

表 2-3 常用转义字符

转 义 符	含 义	Unicode 值
\b	退格（Backspace）	\u0008
\n	换行	\u000a
\r	回车	\u000d
\t	制表符（Tab）	\u0009
\”	双引号	\u0022
\’	单引号	\u0027
\\	反斜杠	\u005c

3. 布尔型

布尔型适用于逻辑运算，一般用于流程控制中的条件判断。

布尔型的数据取值只允许为 true 或者 false。

布尔型不兼容整数类型。

布尔型示例如下。

```
boolean  b = true;
if(b) {
    //判断通过执行的语句
}
```

2.3.2 引用数据类型

V2-3 引用数据类型

除了上述 8 种基本数据类型外，其他所有数据类型都是引用数据类型，引用数据类型是基于基本数据类型的拓展类型。

不同于 C/C++语言，Java 废弃了指针的概念，这是因为 Java 认为对指针的非法操作会引起内存的外溢，Java 中指针被移交给虚拟机进行自动管理，而与程序本身无关。

程序中的引用数据类型是以引用的形式存在的，即引用数据类型保存的值实际上是具体对象的句柄，并不是对象本身，这种形式类似于指针但并不是指针，如图 2-2 所示。

```
Student s;
s = new Student("Tom", 19, 183);
```

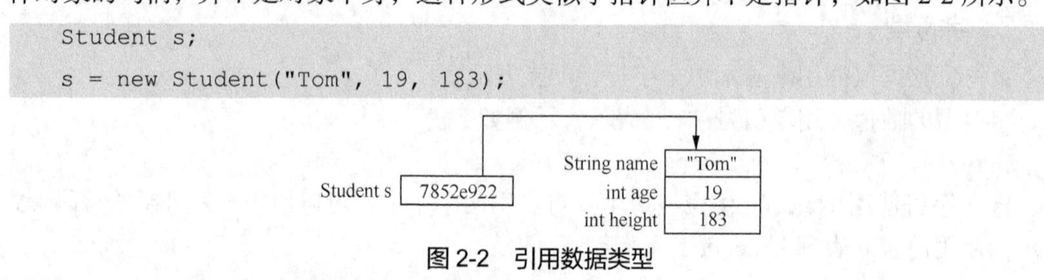

图 2-2　引用数据类型

2.3.3 基本类型与引用类型的区别

2.3.2 节中讲解了引用数据类型的数据保存机制，那么基本数据类型与引用数据类型的数据保存机制有什么不同?

有些面向对象的编程语言（如 SmallTalk 语言）取消了基本数据类型，而 Java 保留了基本数据类型，这主要是使 Java 保持高效执行，因此基本数据类型在数据保存上要比引用数据类型简单得多。

基本数据类型的数据保存机制是数值保存，即基本数据类型直接保存数据值，而不是像引用数据类型一样保存对象的句柄，如图 2-3 所示。

char c	'A'
int a	15

图 2-3　基本数据类型

```
int a = 15;
char c = 'A';
```

因此可以说引用数据类型是以对象的形式存在的，而基本数据类型是以单纯数值的形式存在的，关于对象的相关概念详见本书第 4 章。

2.3.4 数据类型之间的相互转换

V2-4 类型转换

数据类型之间的相互转换称为类型转换，是指将数据从一种类型转换为另一种类型的过程。

数据类型转换分为自动类型转换与强制类型转换。本节主要讲解基本数据类型之间的相互转换，关于引用数据类型的转换详见本书第 5 章。

自动类型转换也称为隐式类型转换，其不需要开发者额外编写转换语法，是可以由系统自动完成的类型转换。

自动类型转换有以下两个条件。

① 转换前后的两种数据类型兼容。

② 目标类型的数值范围大于源类型的数值范围。

自动类型转换的具体规则如图 2-4 所示。

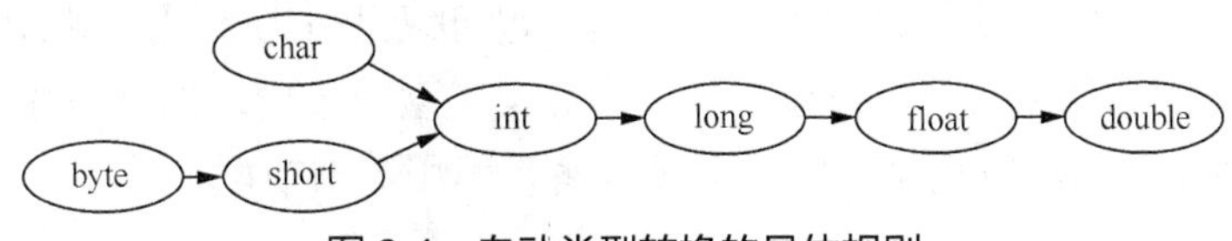

图 2-4 自动类型转换的具体规则

例如，将 short 类型自动转换为 int 类型的示例代码如下。

```
short s = 123;
int i = s;
```

上面的代码中，JVM 先将变量 s 由 short 类型自动转换为 int 类型，再将其赋值给变量 i。

在自动类型转换时，可以跳跃类型。例如，将 byte 类型自动转换为 long 类型的示例代码如下。

```
byte b = 123;
long i = b;
```

需要注意的是，在整数类型之间相互转换的时候，数值不会发生改变。而将整数类型（特别是比较大的整数类型）转换为浮点类型的时候，由于这两种类型在计算机中存储方式不同，有可能发生精度丢失的现象。

强制类型转换也称为显式类型转换，需要开发者额外编写转换的语法，系统不会自动完成这种类型的转换。

强制类型转换有以下两个条件。

① 转换前后的两种数据类型兼容。

② 目标类型的数值范围小于源类型的数值范围。

强制类型转换要求开发者手动书写目标类型，例如，将 double 类型转换为 float 类型的示例代码如下。

```
double d = 12345.678;
float f = (float) d;
```

这样就很容易引出一个问题：如果源类型的数值范围超出目标类型的数值范围，则会发生什么？当这种情况发生时，JVM 会忽略超出的位数，因此会发生精度丢失的现象，示例代码如下。

```
int i = 128;
byte b = (byte) i;
```

上面例子中 b 的数值为-128，原因是 i 的数值超过了 byte 的数值范围，因此，在类型转换的时候只截取了 byte 数值范围内的数据。

当 Java 转换浮点型数据为整型数据时，采用“去 1 法”，即无条件舍弃小数位的所有数字。

由于强制类型转换很容易出现精度丢失的现象，因此在使用的时候需要格外谨慎。

V2-5 数组的使用

2.4 数组

数组是用来存储一组具有相同数据类型的数据的结构，数组的元素可以是基本数据类型的数据，也可以是引用数据类型的数据。

虽然数组可以存储基本数据类型的数据，也可以存储引用数据类型的数据，但是对于数组本身而言，数组对象本身是引用数据类型。

2.4.1 声明数组

数组的声明方式有以下两种。

① 数据类型[] 数组名称。

② 数据类型 数组名称[]。

示例代码如下。

```
int[] arr1;             //声明方式一：声明一个 int 类型的数组 arr1
String arr2[];          //声明方式二：声明一个 String 类型的数组 arr2
```

需要注意的是，数组的长度无法在数组的声明中指定，而需要在数组的创建阶段指定。

2.4.2 创建数组

通过 new 关键字来创建数据对象，并指定数组的长度，为数组元素的存储分配空间。数组创建的示例代码如下。

```
int[] arr1 = new int[10];           //创建一个长度为 10 的 int 数组并赋值给变量 arr1
String arr2[] = new String[5];  //创建一个长度为 5 的 String 数组并赋值给变量 arr2
```

2.4.3 初始化数组

使用 new 关键字创建的数组，其内部的元素通常是默认值，不同类型的数组元素默认值见表 2-4。

表 2-4 不同类型的数组元素默认值

数据类型	默认值
byte	0
short	0

续表

数据类型	默认值
int	0
long	0L
float	0.0f
double	0.0d
char	'\u0000'
boolean	false
Object（引用数据类型）	null

通常情况下，数组在创建后，其元素不采用默认值，因此需要对数组进行初始化。

数组的初始化分为两种。

1. 静态初始化

静态初始化使用大括号“{}”，在大括号内部直接写入元素初始化的数据。

静态初始化数组的示例代码如下。

```
//初始化一个内部元素为 1、2、3，长度为 3 的 int 数组
int[] arr = {1,2,3};
```

2. 动态初始化

动态初始化是创建一个拥有元素默认值的数组后，动态地为数组元素覆盖新数据的方式。

动态初始化数组的示例代码如下。

```
String arr2[] = new String[5];
arr[0] = "AAA";
arr[1] = "BBB";
arr[2] = "CCC";
arr[3] = "DDD";
arr[4] = "EEE";
```

上面的代码的功能是创建一个长度为 5 的 String 数组，其内部元素的数值分别为“AAA”“BBB”“CCC”“DDD”“EEE”，关于数组元素的使用详见本书 2.4.5 节。

在实际开发过程中，经常使用循环语句对数组进行有规律的元素动态初始化，关于循环语句的使用详见本书 3.5 节。

2.4.4 数组长度

数组的长度一旦确定将无法改变。对于一个未知长度的数据，在遍历时获取其长度的方式为使用数组对象的 length 属性，示例代码如下。

```
int[] arr1 = new int[10];
int len = arr1.length;              //变量 len 为数组 arr1 的长度，也就是 10
```

2.4.5 使用数组元素

数组中的元素是按照顺序线性排布的，每个元素都有其对应的下标，计算机中数组元素的下标通常是从 0 开始的，因此，对于一个长度为 5 的数组，其元素对应的下标依次为 0、1、2、3、4。

访问数组中某个元素的格式如下：数组名[下标]。

示例代码如下。

```
String arr2[] = new String[10];
System.out.println(arr2[2]);          //输出 arr2 的第 3 个元素的数据
arr2[6] = "Hello";                    //更改 arr2 的第 7 个元素的数据为“Hello”
```

值得注意的是，不要使用非法的数据元素下标，如负数或超出数组长度的下标，否则程序会抛出异常，关于异常的概念详见本书第 7 章。

通常使用循环语句遍历数组元素，关于循环语句的使用详见本书 3.5 节。

小结

本章主要介绍 Java 程序编写中最基本的数据单元，目的是使读者形成对 Java 编程细节的认识，在掌握这些基本数据单元使用的基础上，在后面的章节中对这些数据进行操作，从而完成 Java 程序的编写。实际上，无论程序多么复杂与庞大，其本质都是操作这些基本的数据单元。因此，掌握本章的内容是完成 Java 所有编程的前提。

思考与练习

1. 使用固定的编码格式对于编程而言有什么意义？
2. 如果没有关键字或者在程序中随意命名关键字，可能会引发什么后果？
3. 简述常量与变量的区别以及各自的引用场合。
4. 列举一些常见的数据，分析使用 Java 中的何种数据类型表示更合适。
5. 思考数组的优点与缺点，提出一些能够使使用数组更加方便的建议。

第 3 章 运算符与流程控制

运算符与流程控制是每一种结构化程序编程语言的必需组成部分，是学习任何编程语言都需要掌握的基本技巧。

万事万物的所有活动都可以用计算机的流程控制模拟。

本章要点

- if 语句
- switch 多分支语句
- while 循环语句
- for 循环语句
- 跳转语句

3.1 运算符

根据操作数的数量进行分类，Java 有一元运算符（如“++”“--”）、二元运算符（如“+”“>”）和三元运算符（如“?:”），它们分别对应于一个、两个和三个操作数。一元运算符有前缀表达式（如++i）与后缀表达式（如 i++），二元运算符则采用中缀表达式（如 a + b）。按照运算符的功能来分，基本的运算符可以分为下面几类。

① 赋值运算符：“=”。

② 算术运算符：“+”“-”“*”“/”“%”“++”“--”。

这种运算符的值是数字。其中，自增、自减的前后缀“++”“--”的运算形如 a++、a--、++a、--a。

③ 复合运算符：“+=”“-=”“*=”“/=”“%=”等。

它们是由赋值运算符与算术运算符拓展出来的，并内置了强制转换。

④ 关系运算符：“>”“<”“>=”“<=”“==”“!=”。

这种运算符的值只有两种，即真（true）、假（false）。

⑤ 逻辑（布尔）运算符：“&&”“||”“!”。

与操作用符号“&&”，或操作用符号“||”，非操作用符号“!”。

这种运算符的值只有两种，即真（true）、假（false）。

⑥ 位运算符：“>>”“<<”“>>>”“&”“|”“^”“ ~ ”。

“>>”“<<”“>>>”叫作移位运算符，“>>>”表示无符号右移。

⑦ 条件运算符："?:"。

这种运算符也称为三目运算符。

⑧ 其他运算符：包括分量运算符"."、下标运算符"[]"、实例运算符"instanceof"、内存分配运算符"new"、强制类型转换运算符"(类型)"、方法调用运算符"()"等。

⑨ 字符串连接运算符："+"。

"+"除了表示算术运算符外，还表示字符串之间的连接。

3.1.1 赋值运算符

赋值运算符用于为变量或常量指定数值，其功能是将"="右边的表达式结果赋值给左边的操作数，示例如下。

```
//将 5 赋值给等号左边的变量 a
int a = 5;
```

"="的优先级低于其他的运算符，所以往往最后运算。

3.1.2 算术运算符

算术运算符的说明与举例见表 3-1。

表 3-1 算术运算符的说明与举例

运 算 符	说 明	举 例
+	加法	1 + 2
-	减法	4 - 3.4
*	乘法	7 * 1.5
/	除法	3.5 / 7
%	取余	7 % 2
++	自增	a++ 或 ++a
--	自减	a-- 或 --a

1. 关于加减乘 3 个运算符

Java 对"+"运算符进行了拓展，使其能够进行字符串的连接，如"abc" + "de"可得到字符串"abcde"。

"-"和"*"不具备字符串连接功能。

2. 关于除法的 2 个运算符

"/"表示除法求商，"%"表示除法求余数。

例如，3 / 5 的值为 0，3 % 5 的值为 3。

Java 中的操作数可以为浮点数，如 37.2 % 10 的值为 7.2。

3. 关于自增自减运算符

自增自减的变量值分为前置与后置，示例代码如下。

```
int a = 1;
// 整个表达式的值是 a，此后 a 的值增加 1
a++;
// a 的值增加 1,此后把这个值作为整个表达式的值
++a;
// 整个表达式的值是 a，此后 a 的值减少 1
a--;
// a 的值减少 1,此后把这个值作为整个表达式的值
--a;
```

3.1.3 复合运算符

复合运算符由赋值运算符与算术运算符结合拓展而成，包括“+=”“-=”“*=”“/=”“%=”，示例代码如下。

```
int a = 4;
// “+=”用于使左边的变量加上右边的数值,将得到的和赋给左边的变量
a += 5;
System.out.println("和=" + a);
// “-=”用于使左边的变量减去右边的数值,将得到的差赋给左边的变量
a -= 3;
System.out.println("差=" + a);
// “*=”用于使左边的变量乘以右边的数值,将得到的积赋给左边的变量
a *= 5;
System.out.println("积=" + a);
// “/=”用于使左边的变量除以右边的数值,将得到的商赋给左边的变量
a /= 4;
System.out.println("商=" + a);
// “%=”用于使左边的变量除以右边的数值,将得到的余数赋给左边的变量
a %= 5;
System.out.println("余=" + a);
```

运行结果如下。

```
和=9
差=6
积=30
商=7
余=2
```

3.1.4 关系运算符

关系运算符的说明与举例见表 3-2。

表 3-2 关系运算符的说明与举例

运 算 符	说 明	举 例
>	大于	a > 4.2
>=	大于等于	3.4 >= b
<	小于	1.5 < 9
<=	小于等于	6 <= 1
==	等于	2 == 2
!=	不等于	2 != 2

任何数据类型的数据都可以通过“==”或“!=”来比较是否相等。

关系运算的结果是布尔值 true 或 false，而不是 1 或 0。

关系运算符常与逻辑运算符一起作为流控制语句的判断条件。

3.1.5 逻辑运算符

逻辑运算指对布尔值进行运算，其运算结果仍然是一个布尔值。逻辑运算符的说明与举例见表 3-3。

表 3-3 逻辑运算符的说明与举例

<table>
<tr><th>运 算 符</th><th>说 明</th><th>举 例</th></tr>
<tr><td>&&</td><td>与：当且仅当两个操作数为 true 时，结果才是 true</td><td>true && false</td></tr>
<tr><td>||</td><td>或：只要有一个操作数为 true，结果就是 true</td><td>(3 > 1) || (2 == 1)</td></tr>
<tr><td>!</td><td>非：操作数为 true 时，结果是 false；操作数为 false 时，结果为 true</td><td>!true</td></tr>
</table>

需要注意的是，逻辑运算符存在短路现象。

1. 短路与

对于“表达式 1 && 表达式 2”，当表达式 1 为假时，不会再计算表达式 2，整个表达式的值为假；对于“表达式 1 & 表达式 2”，当表达式 1 为假时，仍然会计算表达式 2，整个表达式的值为假。

2. 短路或

对于“表达式 1 || 表达式 2”，当表达式 1 为真时，不会再计算表达式 2，整个表达式的值为真；对于“表达式 1 | 表达式 2”，当表达式 1 为真时，仍然会计算表达式 2，整个表达式的值为真。

示例代码如下。

```
int num = 1;
// 即使&前面为false，其右边的表达式也会继续执行，即num++
System.out.println(false & num++ == 1);
// 结果为2
System.out.println(num);

// &&左边的表达式为false，其右边的表达式将不会执行，即num不会自增
num = 1;
System.out.println(false && num++ == 1);
// 结果为1
System.out.println(num);
```

3.1.6 位运算符

位运算符用于对整数的二进制形式逐位进行逻辑运算，得到一个整数。位运算符的说明与举例见表3-4。

表3-4 位运算符的说明与举例

运 算 符	说 明	举 例
&	与	1 & 4
|	或	2 | 5
^	异或	2 ^ 3
~	非	~5
<<	左移	5 << 3
>>	右移	6 >> 1
>>>	无符号右移	-6 >>> 1

位运算符用来对二进制位进行操作。在位运算符中，除“~”以外，其余运算符均为二元运算符。位运算符操作数只能为整型或字符型数据。

Java的二进制数使用补码表示。在以补码表示的二进制数中，最高位为符号位，正数的符号位为0，负数为1。补码（以byte为例）的规定如下：对正数而言，最高位为0，其余各位代表数值本身，如42的补码为00101010；对负数而言，将该数绝对值的补码按位取反，然后对整个数加1，即可得该数的补码，如-42的补码为11010110（00101010按位取反11010101 + 1 = 11010110）。

0的补码为00000000，-1的补码为11111111。

3.1.7 其他运算符

分量运算符“.”、下标运算符“[]”、实例运算符“instanceof”、内存分配运算符“new”、

强制类型转换运算符“(类型)”、方法调用运算符“()”等由于其性质特殊而难以单独讲解，这些运算符会在本书的专用知识点中涵盖。本节以三元运算符为例进行介绍。

格式：布尔表达式 1 ? 表达式 2 : 表达式 3。

其中，布尔表达式 1 是返回值为布尔类型的表达式。

三元运算符的功能：如果“布尔表达式 1”的返回值为真，那么整个三元表达式的返回值为“表达式 2”的返回值；否则取“表达式 3”的返回值。

在某些情况下，使用三元运算符能够简化代码，示例代码如下。

```
String s;
// 如果分数高于 60，则返回"吃大餐"，反之返回"挨批评"
s = (score > 60) ? "吃大餐" : "挨批评";
// 输出结果为 "吃大餐"
System.out.println(s);
```

3.1.8 运算符的优先级别及结合性

运算符的优先级及结合性见表 3-5，其中，数字越小表示优先级越高。

表 3-5 运算符的优先级及结合性

优先级	运算符	结合性
1	[ ]、.、( ) (方法调用)	从左向右
2	!、~、++、--、+(一元运算)、-(一元运算)	从右向左
3	*、/、%	从左向右
4	+、-	从左向右
5	<<、>>、>>>	从左向右
6	<、<=、>、>=、instanceof	从左向右
7	==、!=	从左向右

在一个表达式中，优先执行高优先级的运算符，示例代码如下。

```
int a = 1;
//因为乘法的优先级更高，因此输出结果为 3
System.out.println(a + 1 * 2);
```

3.2 if 语句

if 语句是最简单的条件判断语句，编程语言大都有定义 if 语句的功能，if 语句通常搭配众多运算符使用。

V3-1 if 语句的使用

3.2.1 if 语句的 3 种格式

为了解决条件判断逻辑，Java 在编程中采用了 if 分支结构的语法形式。

if语句可以分为3种格式，见表3-6。

表3-6 if语句的3种格式

类型	结构	说明

单个if	if (条件表达式) {
	语句块;
	}
		如果条件表达式的值为真，则执行语句块

if...else	if (条件表达式) {
	语句块1;
	} else {
	语句块2;
	}
		如果条件表达式的值为真，则执行语句块1，否则执行语句块2

if...else if...else	if (条件表达式1) {
	语句块1;
	} else if (条件表达式2) {
	语句块2;
	} else {
	语句块3;
	}
		如果条件表达式1的值为真，则执行语句块1；否则，若条件表达式2的值为真，则执行语句块2；若所有的if与else...if的条件表达式都为假，则执行语句块3。
		注意，else...if子句可以有多个，else子句可省略

例：旅游区门票价格根据游客年龄决定，门票原价为100元。如果游客年龄大于80岁，则门票免费；如果游客年龄小于等于80岁且大于60岁，则门票半价出售；如果游客年龄小于等于60岁且大于18岁，则门票原价出售；如果游客年龄小于等于18岁，则门票六折出售。请根据从键盘上录入的年龄，计算出最终门票价格。

示例代码如下。

```
import java.util.Scanner;

public class Test {
public static void main(String[] args) {
    // 原价
    double price = 100;
    // 录入用户键盘输入，Scanner类需要导入包，即 import java.util.Scanner;
    Scanner input = new Scanner(System.in);
    // 提示用户输入年龄
    System.out.print("请输入年龄：");
    // 录入用户键盘输入
    int age = input.nextInt();
```

```
        // 使用 if 语句进行判断，并执行不同的票价政策
        if (age > 80) {
                System.out.println("票价=" + 0);
            } else if (age > 60) {
                System.out.println("票价=" + price * 0.5);
            } else if (age > 18) {
                System.out.println("票价=" + price * 1);
            } else {
                System.out.println("票价=" + price * 0.6);
            }
            // 关闭键盘输入
            input.close();
        }
    }
```

3.2.2 if 语句的嵌套

if 语句可以嵌套使用，但这种用法并非新的 if 语句结构，示例代码如下。

```
int a = 1;
int b = 2;
int c = 3;
// 嵌套使用，先判断外层，通过后再判断内层
if (a < b) {
    if (b < c) {
        System.out.println("c 是最大的");
    }
}
```

3.3 switch 多 b30 分支语句

V3-2 switch 语句的使用

switch 语句是一种不需要计算布尔值而需要计算数值的分支语句，其格式如下。

```
switch (expression) {
  case value1:
    语句块 1;
    break;
  case value2:
    语句块 2;
    break;
  ......
  case   valuen:
```

```
        语句块 n;
        break;
    default:
        语句块;
        break;
}
```

switch 语句首先计算表达式 expression 的值。如果其返回值与某个 case 的 value 值相同，则执行该 case 中的语句，直到遇到 break 语句为止。如果没有匹配 case 的 value 值，则执行 default 部分的语句。default 部分可有可无。如果 default 部分不存在，并且所有的 case 都不匹配，则 switch 语句不会有任何代码被执行。

如果省略 break 语句，则程序不会在此处跳出。但通常会在 case 与 default 语句中写上 break 语句，此时即使随意调换 case 与 default 块的先后顺序也可以保证逻辑正常。如果缺失了某些 break 语句，则逻辑往往会比较混乱，导致代码的可读性降低。

expression 表达式的值必须是 byte、char、short、int、String 或枚举类型。Java 1.5 版本中引入了装箱拆箱功能，所以能够支持 byte、short、character、integer 类型。

另外，在 switch 语句中，不同的 case 后的常量值必须互不相同，否则会编译出错。

switch 的用法示例代码如下。

```
int a = 3;
// 输出结果为"其他情况"
switch (a) {
    case 0:
        System.out.println("数据是 0");
        break;
    case 1:
        System.out.println("数据是 1");
        break;
    case 2:
        System.out.println("数据是 2");
        break;
    default:
        System.out.println("其他情况");
        break;
}
```

3.4 if 语句与 switch 语句的区别

凡是 switch 语句能够完成的工作，使用 if 语句都可以完成。switch 语句主要适用于有多个可选项且判断条件是定值而不是区间的情况，除此之外，通常使用 if 语句来编写代码。

与 if 语句相比，switch 语句的优势是书写方便、结构清晰。

3.5 循环语句

循环语句指在程序中需要反复执行某个功能而编写的一种程序结构。循环语句可以减少代码的重复书写，是程序设计中最能发挥计算机优势的程序结构之一。

3.5.1 while 循环语句

V3-3 while 循环语句的使用

while 循环语句的格式如下。

```
while (条件表达式) {
    语句块;
}
```

当条件表达式的返回值为 true 时，执行语句块；语句块执行一次后再次检查条件表达式的值。重复上述过程，当条件表达式的返回值为 false 或语句块中遇到 break 语句时终止循环。

例：使用 while 语句计算 1～100 中所有整数之和。

示例代码如下。

```
int sum = 0;
// 初始化循环变量
int i = 1;
// 循环条件
while (i <= 100) {
      // 循环体
      sum = sum + i;
      i++; // 循环变量递增
}
System.out.println("1 到 100 和为=" + sum);
```

3.5.2 do…while 循环语句

V3-4 do…while 循环语句的使用

do…while 语句与 while 语句很相似，两者的区别在于 while 语句是“先判断条件，再执行循环体”，而 do…while 语句是“先执行循环体，再判断条件”，因此 do...while 语句会无条件执行一次循环体。

使用 while 语句还是使用 do…while 语句要根据实际情况选择。

例：使用 do…while 语句计算 1～100 中所有整数之和。

示例代码如下。

```
int sum = 0;
// 初始化循环变量
int i = 1;
// 循环条件
do {
     // 循环体(无条件执行一次)
     sum = sum + i;
```

```
    i++; // 循环变量递增
} while (i <= 100);
System.out.println("1 到 100 和为=" + sum);
```

3.5.3 for 循环语句

for 循环语句的格式如下。

```
for (表达式 1; 表达式 2; 表达式 3)
{
语句块;
}
```

V3-5 for 循环语句的使用

表达式 1 用于完成变量的初始化；表达式 2 是返回类型为布尔类型的表达式，是循环条件；表达式 3 用于在执行了一遍循环体中的语句块之后，修改控制循环变量的值。

for 循环语句的执行过程如下：计算表达式 1，完成必要的初始化工作；判断表达式 2 的值，如果表达式 2 的返回值为 true，则执行循环体，否则将跳出循环；执行完循环体中的语句块后计算表达式 3，第一轮循环结束。第二轮循环从判断表达式 2 开始，如果表达式 2 的值仍为 true，则继续循环；否则循环结束，执行 for 语句后面的语句。

值得注意的是，循环同样可以嵌套。对于初学者而言，通常使用 for 循环的嵌套进行“冒泡排序”的练习，具体操作详见本书 3.5.5 节。但是在实际的开发中，要尽可能避免循环的嵌套使用，因为这样会显著降低代码的可读性与可维护性。

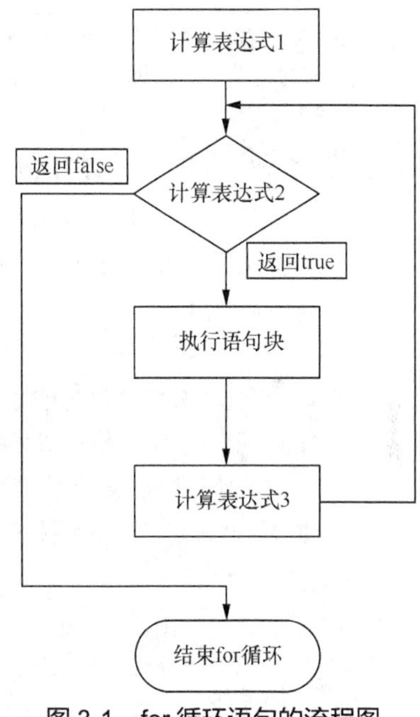

图 3-1 for 循环语句的流程图

for 循环语句的流程图如图 3-1 所示。

例：使用 for 循环语句为长度为 100 的 int 数组的各个元素赋值。

示例代码如下。

```
int arr[] = new int[100];
// 使用 for 循环语句为数组元素赋值
for (int i = 0; i < 100; i++) {
    arr[i] = i + 1;
}
```

3.5.4 for…each 风格的 for 循环

for…each 风格的 for 循环主要用于数组、集合的遍历。这里以一个遍历数组的例子进行演示，示例代码如下。

V3-6 for…each 循环的使用

```
int arr[] = new int[100];
for (int i = 0; i < 100; i++) {
    arr[i] = i + 1;
}

// 使用 for...each 语句遍历输出元素值
for (int element : arr) {
    System.out.println(element);
}
```

3.5.5 循环的嵌套

V3-7 循环的嵌套

为了完成一些比较复杂的任务，可能要在循环结构的代码内部再嵌套循环结构代码，形成双重循环甚至多重循环。其特征往往是内层的控制变量 n 的变化范围由外层变量 m 的每次的具体取值决定。当然，如果内层循环的条件不是 $n < m$，则这个代码是一个双重循环，只是内外层的关联性小而已。

例：使用冒泡排序法对 int 数组的元素进行排序。

示例代码如下。

```
/*
 * 每次冒泡排序操作都会对相邻的两个元素进行比较，看是否满足大小关系要求
 * 如果不满足，则交换这两个相邻元素的次序
 * 一轮冒泡至少能让一个元素移动到它应该排列的位置
 * 重复 N 轮即可完成冒泡排序
 */
int[] arr = { 23, 45, 125, 57, 49 };
// 外层 for 循环控制比较的轮数
for (int i = 0; i < arr.length - 1; i++) {
    // 内层 for 循环控制每轮比较的次数
    for (int n = 0; n < arr.length - 1 - i; n++) {
        // 若相邻元素不满足从小到大的要求，则交换两个元素
        if (arr[n] > arr[n + 1]) {
            int temp = arr[n];
            arr[n] = arr[n + 1];
            arr[n + 1] = temp;
        }
    }
}

for (int i : arr)
    System.out.println(i);
```

3.6 跳转语句

有时并不需要把每次循环都执行完，因此可以使用跳转语句来控制循环的间隔，即使用 break 语句与 continue 语句对某次特殊的循环进行跳转，而 return 语句的作用范围相对于 break 语句及 continue 语句而言更大。

3.6.1 break 跳转语句

V3-8 break 语句的使用

break 语句的功能是直接跳出当前循环或特殊的代码块。

break 能用在 for、while、do…while、switch 语句中，通常在循环语句中使用。

例：不断地吃鸡腿，当感觉没有胃口再吃的时候就跳出循环。

示例代码如下。

```
Scanner input = new Scanner(System.in);

int i = 1;

while (true) {
    System.out.println("吃第" + i + "只鸡腿");

    System.out.print("还吃得下第" + (i + 1) + "只吗? y: 是  n: 不是 ");
    String option = input.next();
    if (option.equals("n"))
        break;          // 跳出 while 循环体，执行 while 语句块后面的主方法代码
    else if (option.equals("y"))
        i++;
}

input.close();
```

3.6.2 continue 跳转语句

V3-9 continue 语句的使用

continue 语句的功能是停止当前循环体代码的执行，直接进入下一次循环体代码的执行。

continue 可以用在 for、while、do…while 语句中。

例：每吃完一只鸡腿后，询问是否口渴。如果是，则喝一次水，并继续吃下一只鸡腿；如果不是，则直接吃下一只鸡腿。

示例代码如下。

```
Scanner input = new Scanner(System.in);

int i = 1;
```

```
while (true) {
    System.out.println("吃第" + i + "个鸡腿");

    System.out.print("是否口渴？y：是的    n：不是");
    String option = input.next();
    if (option.equals("n"))
        continue; //跳出本次循环，进行下一次循环
    else if (option.equals("y")) {
        System.out.println("喝水");
        i++;
    }
}
```

V3-10 return 语句的使用

3.6.3 return 跳转语句

return 语句的功能是停止当前方法的执行，即不再执行当前方法的后续代码。return 语句通常在一个方法完成时调用。示例代码如下。

```
public class Test {
    public static void main(String[] args) {
        int a = 1;
        if (a == 1) {
            System.out.println("return...");
            return; // 直接终止主方法的执行
        }
        // 以下语句没有机会执行
        System.out.println("main method end");
    }
}
```

小结

本章主要介绍 Java 程序编写中一些简单的数据计算与流程处理，目的是让读者形成对 Java 编程逻辑的认知。在掌握这些知识的基础上，可以在后续开发中根据实际业务需求抽象出计算模型。本章的编程思想也是各种计算机语言的基础逻辑核心。

思考与练习

1. 表达式中的运算符应该尽可能简练吗？
2. 循环语句与条件语句嵌套使用的缺点是什么，如何在开发中进行选择？
3. break 语句、continue 语句、return 语句有何异同点？

第4章 面向对象基础

面向对象的程序设计完全不同于传统的面向过程的程序设计，它大大地降低了软件的开发难度，使编程就像搭积木一样简单，是当今编程的潮流。

本章要点

- 面向对象程序设计
- 类
- 构造方法与对象
- 参数传值
- 包

4.1 面向对象程序设计

面向对象程序设计（Object Oriented Programming，OOP）针对不同人员具有多方面的吸引力。对管理人员而言，它实现了更快和更廉价的开发与维护过程；对分析与设计人员而言，建模处理变得更加简单，能生成清晰的、易于维护的设计方案；对程序员而言，对象模型显得更加高雅与浅显。

本节将讲解面向对象的抽象概念，帮助读者掌握面向对象程序设计理念。

4.1.1 面向对象程序设计概述

面向对象程序设计是将现实世界中的事物抽象成程序世界中的对象的一种设计理念。在面向对象的程序设计者眼里，万物皆对象。

面向对象程序设计是相对于面向过程设计而言的。在早期的程序设计中，通常使用面向过程设计的方式，即专注于解决问题的步骤与过程，调用大量的函数来实现程序的功能，用结构体来表现数据，如 C、Basic、Pascal 等语言就属于面向过程的编程语言。

在 C++、C#、Java 等语言中，采用的是面向对象的程序设计方式，对具有相同属性与行为的一类事物进行抽象与封装，以供其他程序调用。面向对象程序设计把事物的细节隐藏起来，让程序员更加专注于解决业务问题，使团队协作以及大型项目的开发变得更加易于实现。在面向对象程序设计语言中，通常使用类（Class）来抽象与封装对象。

4.1.2 面向对象程序设计的特点

Java 是一种纯粹的面向对象设计的语言，具备面向对象的三大特点。

① 封装。

② 继承。

③ 多态。

面向对象程序设计是一种思想与理念，并不是使用一种面向对象程序设计的语言写出一些类就叫作面向对象程序设计。读者可以在完成本章的阅读后再体会本段文字的含义。

4.2 类

面向对象的编程思想力图使现实世界的事物映射到程序中，类与对象就是其核心概念。

类是对一类事物的描述，是抽象的、概念上的定义。对象是实际存在的该类事物的个体，是具体存在的实体，因此也称为实例（Instance）。以类为标准，获得对应类型的对象，如图 4-1 所示。

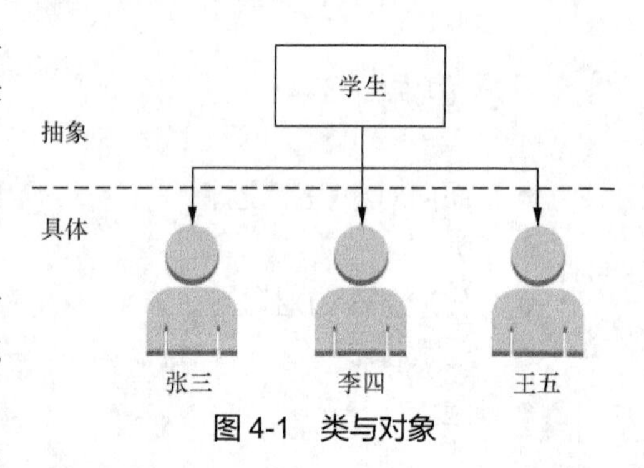

图 4-1 类与对象

在图 4-1 中，抽象层的学生就是类，是一个抽象且统一的概念，凡是在学校参加学习的人都可以叫作学生，但是它不指代具体的某个学生。而具体层的张三、李四、王五就是一个个具体的学生，所以其中的每个人都是学生类的一个实例。

学生类中会定义学生的一些性质，如姓名、年龄、性别、学号等；也会定义学生的一些行为，如听课、写作业、考试等。所以用学生类实例化出来的学生对象具有学生类中设定的性质与行为。

类就好比是一个模具，对象则是用这个模具制造出来的产品。

4.2.1 定义类

在 Java 中，使用关键字 class 表示类，通过类把属性与方法封装在一起。其中，属性表示类的性质，方法表示类的行为，示例代码如下。

```
class Student {
    // 类的属性与方法
    }
```

上述代码定义了一个 Student 类，该代码只是格式的示范，并没有添加属性与方法。class 关键字用于定义类，class 关键字后面的 Student 是类名，class 与类名之间需用空格分隔，类的属性与方法写在大括号中。

Java 类名采用大驼峰命名法。大驼峰命名法要求单词的首字母大写，如果类名由多个单词组成，那么每个单词的首字母都要大写，如 PrimarySchoolStudent。

通常每个类单独用一个.java 文件保存，文件名要求与类名完全一致，如 Student 类对应的文件名就是 Student.java。

4.2.2 成员变量与局部变量

定义在类中的不同位置的变量的生命周期和性质也不同。

1. 成员变量

定义一个类时，可在类中直接定义成员变量（也称为字段或属性）。成员变量可以为任何类型，包含基本数据类型与引用数据类型。

每个对象都为自己的成员变量保有存储空间，成员变量不会在对象之间共享。下面定义了一个包含数据成员的类，示例代码如下。

```
public class Student{
        String name;//姓名
        boolean gender;//性别
        int age;//年龄
}
```

这个类并没有做任何实质性的事情，只是定义了几个成员变量，它们分别表示 Student 类的姓名、性别与年龄。可以通过这个类来创建一个对象（具体操作详见本书 4.3 节）并对其属性赋值。类只能针对对象的成员变量赋值，用对象名加“.”再加成员变量名的方式调用成员变量，即“对象名.成员变量”，示例代码如下。

```
Student student = new Student();// 创建学生对象
student.name = "小明"; // 姓名成员变量赋值为小明
student.gender = true; // 性别成员变量赋值为 true
student.age = 21; // 年龄成员变量赋值为 21
```

上述代码先创建了 Student 对象，又对成员变量按数据类型赋予相应的值。成员变量也可以在定义时初始化赋值，如果定义时没有初始化，也没有用对象调用来赋值，则 Java 会根据成员变量的数据类型赋予其默认值，见表 4-1。

表 4-1　成员变量的数据类型和默认值

数据类型	默认值
byte	0
short	0
int	0
long	0L
float	0.0f
double	0.0d
char	'\u0000'
boolean	false
Object（引用数据类型）	null

2. 局部变量

一个类中，除了成员变量外，还有一种定义在方法的形式参数、方法体内或者代码块中的变量，称为局部变量。

局部变量除了形式参数外，都必须在使用之前进行初始化赋值，否则在使用时会报编译错误“The local variable xx may not have been initialized”。

局部变量的作用域仅限于其所在的方法或代码块内，离开所在方法或代码块时，局部变量就会被销毁。

局部变量的示例代码如下。

```
// name 为成员变量
public void setName(String n) {
     // 将局部变量 n 的值赋给成员变量 name
     name = n;
     // 方法体中的局部变量 len
     int len;
     len = name.length
     // 如果在使用 len 前不对其赋值，则会报编译错误
     System.out.println("姓名长度为:" + len);
}
```

4.2.3 成员方法

成员方法（也称方法）是类或对象的最重要的组成部分。

1. 成员方法定义与调用

V4-1 成员方法的使用

方法是类或对象的行为特征的抽象。从功能上来看，方法类似于传统面向过程程序设计中的函数，但是 Java 中所有的方法都必须定义在类中。

成员方法属于对象，要使用对象来进行调用。

成员方法的格式如下。

```
返回类型 方法名(参数类型 参数名 1[,参数类型 参数名 2…]){
   方法体语句块;
}
```

返回类型是方法执行完毕后返回数据的类型。执行 return 语句返回对应类型的数据，return 语句的作用一是返回数据，二是结束方法。当然，一个方法也可以没有返回数据，这时的返回类型就是 void，表示不返回任何数据。如果方法返回类型为 void，则可以调用 return 语句直接结束方法的执行。

方法名采用小驼峰命名法，小驼峰命名法要求单词的首字母小写，如果含有多个单词，则后续每个单词的首字母大写，如 getExternalData。

方法体需要用“{}”来表示，方法体内要编写符合当前方法业务的代码。

参数是方法执行需要的输入数据，一个方法可以没有参数，也可以有一个或多个参数

（多个参数要用逗号分隔），每个参数必须指定类型。参数在方法体内作为局部变量使用，参数是在调用方法时传入并完成赋值的。方法定义中的参数叫作形式参数，不会初始化具体的值。实际调用方法时传入的参数叫作实际参数，含有实际的值，示例代码如下。

```
public class Arithmetic {
/**
 * 加法运算，给出两个整数，计算并返回和
 * @param a 整型加数 a，形式参数
 * @param b 整型加数 b，形式参数
 * @return a 与 b 相加的结果，也是整数类型
 */
int addition(int a, int b){
     int sum;
     sum = a + b;
     // 返回值并结束方法
     return sum;
}

public static void main(String[] args) {
     // 创建对象
     Arithmetic arm = new Arithmetic();
     int result;
     // 调用 addition 方法并把返回值赋给 result 变量，3 与 2 是实际参数
     result = arm.addition(3, 2);
     System.out.println("3 + 2 = " + result);
}
}
```

2. 可变长参数

某些情况下，方法参数的数量并不确定，如输出学生的兴趣爱好的方法，需要把兴趣爱好作为参数传递给方法，但是每个学生的兴趣爱好数量是不同的。此时，可以用数组作为参数。但 Java 1.5 也提供了可变长参数的功能。

V4-2 可变长参数的使用

可变长参数在格式上规定：在数量不确定的参数类型后面加 3 个点。例如，void printInterest(String name,String… interest)。可变长参数是数组类型的，示例代码如下。

```
/**
 * 输出学生的兴趣爱好
 * @param name 学生姓名
 * @param interest 兴趣爱好，变长参数
```

```
 */
void printInterest(String name, String... interest){
     System.out.println(name + "的兴趣爱好有:");
     for(String str : interest){
          System.out.println(str);
     }
}

// 调用方式
printInterest("小明", "篮球","足球","爬山","唱歌");
```

4.2.4　注意事项

对于初学者而言，何时应该使用成员变量与局部变量？仅就程序运行结果来看，通常可以直接使用成员变量，无须使用局部变量。但实际上并不建议使用这种做法，因为当定义一个成员变量时，成员变量会被放置到堆内存中，成员变量的作用域将扩大，这种范围的扩大有以下两个缺点。

① 增长了变量的生存时间，这将导致更大的系统消耗。

② 扩大了变量的作用域，这不利于提高程序的内聚性。

如下几种情形中，应该考虑使用成员变量。

① 需要定义的变量用于描述对象的固有信息，如人的身高、体重等信息，每个人类对象都具有这些信息。

② 在某个类中需要以一个变量来保存该类实例对象运行时的状态信息。

③ 某个信息需要在类的对象的多个方法之间共享与传递。

如果在程序中使用局部变量，则应该尽可能地缩小局部变量的作用范围，从而降低局部变量在内存中停留的时间，使程序运行的性能更高。

4.2.5　类的 UML 图

思考以下几个问题：传统建筑行业如何建造一栋大楼，大楼要建造成什么样子，建造大楼需要多少资金，施工过程中的参照是什么，验收的依据是什么？上述问题都离不开建筑设计图。软件工程与建筑工程一样，也需要一种抽象的语言来描述软件，于是就创造了统一建模语言（Unified Modeling Language，UML）。

1. 什么是 UML 图

UML 是一种图形化语言，用来描述软件系统中的各种对象以及对象之间的关系，可以在开发前期就形象具体地描述软件，使参与软件工程的不同角色之间能方便地交流。

UML 语言包括以下图形。

① 用例图（Use Case Diagram）。

② 类图（Class Diagram）。

③ 序列图（Sequence Diagram）。

④ 合作图（Collaboration Diagram）。
⑤ 状态图（Statechart Diagram）。
⑥ 活动图（Activity Diagram）。
⑦ 构件图（Component Diagram）。
⑧ 部署图（Deployment Diagram）。

2. 类图

类图是 UML 语言中最核心的图形，如图 4-2 所示。

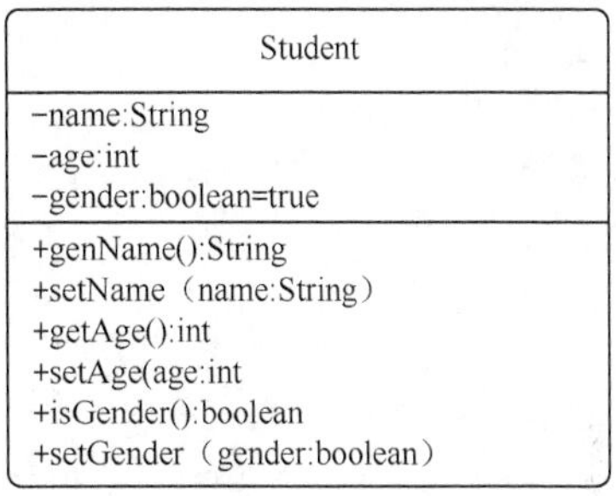

Student
−name:String
−age:int
−gender:boolean=true
+genName():String
+setName（name:String）
+getAge():int
+setAge(age:int
+isGender():boolean
+setGender（gender:boolean）

图 4-2 类图

类图可分为以下三部分。

（1）类名

类名位于类图的第一层，指定了类的名称。

（2）成员变量

成员变量位于类图的第二层。

其使用特殊符号表示成员变量的访问权限："+"表示 public，"−"表示 private，"#"表示 protected。权限的讲解详见本书 4.10 节。

成员变量名后面跟":"，":"后面是变量类型。

如果成员变量要在定义时初始化，则用"="赋值。

（3）成员方法

成员方法位于类图的第三层。

其使用特殊符号表示成员方法的访问权限："+"表示 public，"−"表示 private，"#"表示 protected。

成员方法名后面跟":"，":"后面是方法的返回参数类型。

成员方法的参数列表在方法名后的小括号中描述，格式为"参数名:类型[,参数名:类型…]"。

图 4-2 所示的类可以翻译成代码，代码如下。

```
public class Student {

    private String name;// 姓名
    // 性别,默认值为 true。true 表示男;false 表示女
    private boolean gender = true;
    private int age;// 年龄

    public String getName() {
        return name;
    }

    public void setName(String name) {
        this.name = name;
```

```
    }

    public boolean isGender() {
        return gender;
    }

    public void setGender(boolean gender) {
        this.gender = gender;
    }

    public int getAge() {
        return age;
    }

    public void setAge(int age) {
        this.age = age;
    }
}
```

4.3 构造方法与对象

类以对象的形式来使用，构造方法与对象紧密相关。

4.3.1 构造方法的概念及用途

类的方法中有一种特殊的方法（严格上并不算是方法）叫作构造方法，也称为构造器（Constructor）。构造方法在创建对象时被调用，用于创建对象与初始化成员变量。

V4-3 构造方法的使用

构造方法有以下特征。

① 构造方法的名称与类名相同。通过 new 关键字创建对象时会自动调用构造方法，因此 Java 虚拟机必须要知道构造方法的名称。

② 构造方法不返回任何值，不返回任何值不等于返回 void，而是不需要 void。

③ 如果没有显式地定义构造方法，则默认创建一个无参数的构造方法。一旦程序员自己定义了构造方法，默认构造方法就不复存在。一个类可以有多个构造方法（参数不同），所以一旦定义了自己的构造方法，就要补上无参数构造方法，这样才能用不带参数的方式创建出对象。

④ 通常构造方法的权限为 public。只有在特殊情况下，不希望对象被其他程序创建时才不使用 public 权限，如单例模式。

构造方法的示例代码如下。

```
public class Car {
    private String brand;
    private String color;
    private float sweptVolume;

    public static void main(String[] args) {
        // 调用默认构造方法创建对象
        Car car = new Car();
    }
}
```

基于上述代码，增加显式的构造方法，示例代码如下。

```
public class Car {
    private String brand;
    private String color;
    private float sweptVolume;

    // 手动增加无参数的构造方法
    public Car() {}

    // 手动增加两个参数的构造方法
    public Car(String b, String c) {
        brand = b;
        color = c;
    }

    // 手动增加三个参数的构造方法
    public Car(String b, String c, float s) {
        brand = b;
        color = c;
        sweptVolume = s;
    }

    public static void main(String[] args) {
        // 调用默认构造方法创建对象
        Car car1 = new Car();
        // 调用两个参数的构造方法
        Car car2 = new Car("Audi", "white");
        // 调用三个参数的构造方法
```

```
            Car car3 = new Car("BMW", "red", 2.0f);
        }
    }
```

4.3.2 对象概述

在 Java 中，万物皆对象。对象是类的实例，类是抽象的，对象是具体的。以类定义的属性（成员变量）与方法（成员方法）为基准，对象要经过类的实例化来创建，即使用 new 关键字创建，创建时会调用构造方法。构造方法可以在创建对象的同时给成员变量赋值，如果成员变量未被赋值，则会使用默认初始值。

对象创建后要赋给一个变量，这个变量叫作对象的引用，也叫作对象句柄。访问对象必须通过引用，如“Car car1 = new Car()”这条语句创建了一个 Car 类型的对象 car1，car1 就是这个对象实例的引用，如果要执行成员方法，则可使用“引用.方法名”的格式调用，即 car1.speedUp()。

对象引用存储在栈（stack）内存区中，对象实例存储在堆（heap）内存区中。栈与堆是 Java 中的两个重要存储区域，堆存储对象实例，不再被引用的对象实例所占的内存空间由垃圾回收器（Garbage Collection，GC）自动释放并回收；栈的存取速度比堆快，一般存储基本数据类型变量以及对象引用，所存储的变量作用域结束后自动释放内存空间。

在 4.3.1 节的示例代码中，“Car car1 = new Car();”代码执行后，会引用对象实例 car1 在堆栈中的状态，如图 4-3 所示。而“Car car2 = new Car("Audi","white");”代码执行后，会引用对象实例 car1 与 car2 在堆栈中的状态，如图 4-4 所示。

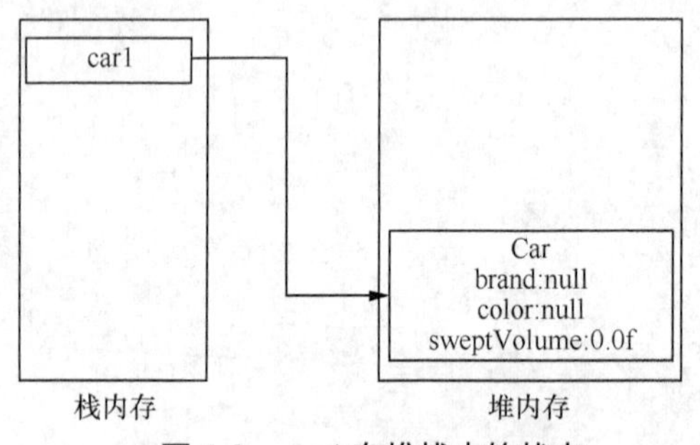

图 4-3　car1 在堆栈中的状态

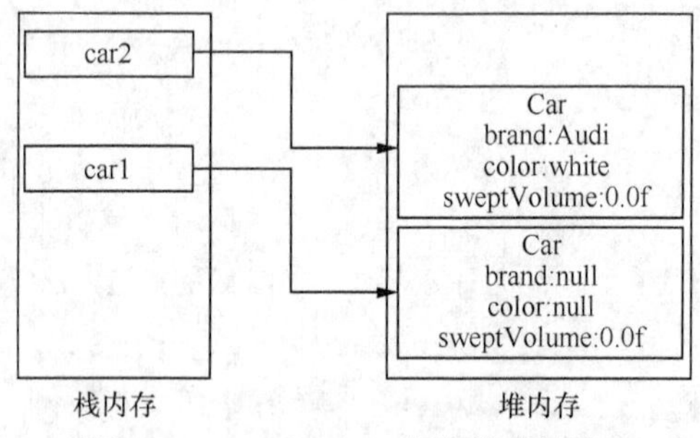

图 4-4　car1 与 car2 在堆栈中的状态

如果此时执行“Car car3 = car2;”代码，则 car2 与 car3 都指向堆中 color 为 white 的实例对象，即一个对象实例可以有多个引用，如图 4-5 所示。

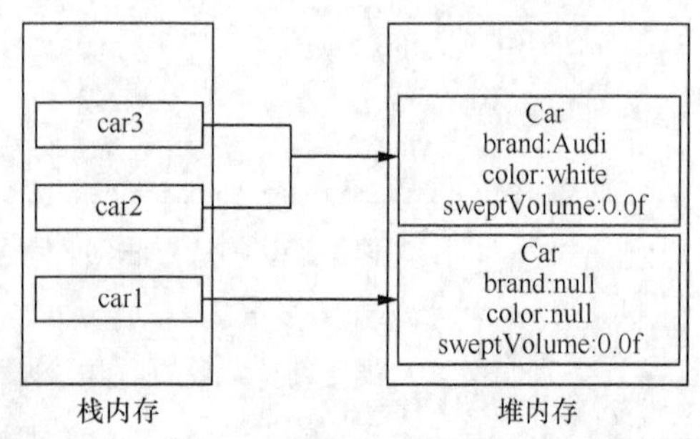

图 4-5　car2 与 car3 指向同一个对象在堆栈中的状态

如果此时执行“car1 = null;”代码，则相当于使 car1 与 Car 对象实例断开连接，如图 4-6 所示。这时候对象实例就不再被引用，相当于堆内存中的一座“孤岛”，程序也不能再对其进行操作，也就没有了存在的价值。这种不再被引用的对象实例会被GC发现并清理，但是GC清理回收内存的时机由其内部的算法自主决定，程序员并不清楚什么时候执行回收操作，也没办法主动执行回收操作。至于栈内存中的变量，会在其作用域结束后自动释放内存。

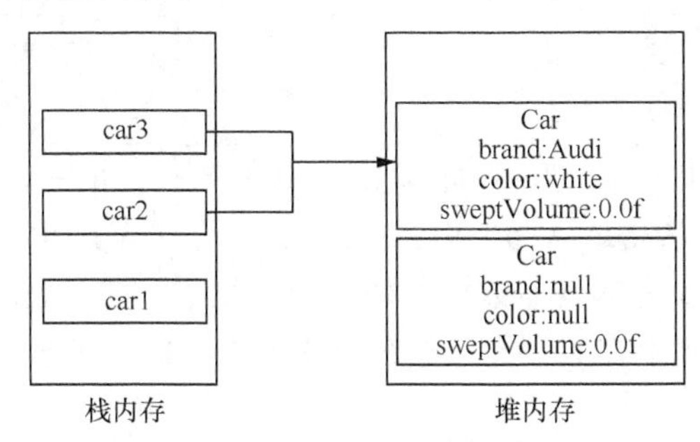

图4-6　car1与Car对象实例断开连接

4.4 参数传值

方法需要参数，Java中不同类型的数据作为参数传递的原理有所差别。

4.4.1 传值机制

Java中的参数传值机制由参数类型决定，基本数据类型参数按值传递；引用数据类型参数按引用传递。换句话说，基本数据类型参数是传递值的副本，在被调用方法中修改形参的值不会影响实参的值；引用数据类型参数传递的是对对象的引用，在被调用方法中修改形参的成员变量时，实参的成员变量也随之改变。但是实际上参数传值机制都是传递的值的副本，但为什么会有按值与按引用之分呢？下面分别详细阐述。

V4-4 基本数据类型的参数传值

4.4.2 基本数据类型的参数传值

先来看一个例子，通过swap方法交换两个形参的值，但是不会影响实参，示例代码如下。

```
public class PassValue {
    public static void main(String[] args) {
        int a = 3;
        int b = 5;
        swap(a, b);
        System.out.println("main 方法中的值: a = " + a + "; b = " + b);
    }
    public static void swap(int a, int b){
        int temp = a;
        a = b;
        b = temp;
        System.out.println("swap 方法中的值: a = " + a + "; b = " + b);
    }
}
```

在上面的示例代码中，main 方法中定义了两个变量 a 与 b，把这两个变量作为参数传递给 swap 方法，在 swap 方法中交换两个变量的值，并输出交换后的结果。swap 方法调用完毕后，在 main 方法中再输出 a 与 b 的值，运行结果如下。

```
swap 方法中的值: a = 5; b = 3
main 方法中的值: a = 3; b = 5
```

从运行结果可以看出，虽然在 swap 方法中成功交换了 a 与 b 的值，但是并没有改变 main 方法中的 a 与 b 的值，也就是说，形参的改变并不影响实参。这是因为 Java 中的基本数据类型作为参数时，实际上传递的是值的副本，所以在被调用方法中无论怎么改变形参的值，实参都不会受到影响。

此示例的内存中有 4 个变量，分别是 main 方法中的局部变量 a 与 b，以及 swap 方法中的局部变量 a（复制自 main 方法中的局部变量 a）与 b（复制自 main 方法中的局部变量 b），虽然它们变量名相同，但是作用域不同。变量 a 与 b 在内存中的状态如图 4-7 所示。

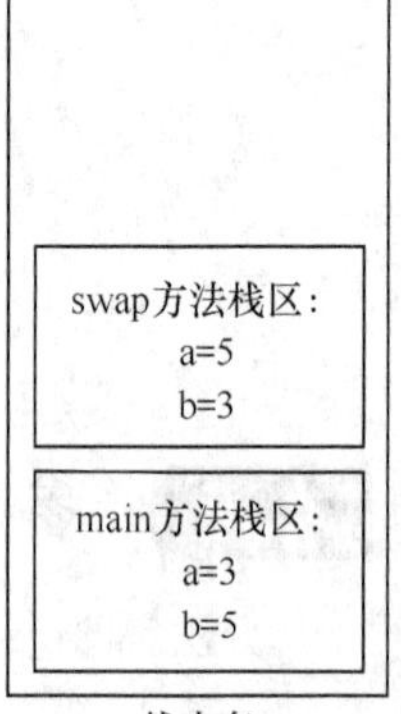

图 4-7　变量 a 与 b 在内存中的状态

4.4.3　引用数据类型的参数传值

V4-5 引用数据类型的参数传值

再来看另外一个例子，类似于 4.4.2 节中的两个变量交换，将变量定义在类中，参数传递的是对象，此时对象中的变量值会被改变，这就是引用传递，示例代码如下。

```
public class DataWrap {
    public int a;
    public int b;
}


public class PassRef {
    public static void main(String[] args) {
        DataWrap dw = new DataWrap();
        dw.a = 3;
        dw.b = 5;
        swap(dw);
        System.out.println("main 方法中的值: dw.a = " + dw.a + "; dw.b = " + dw.b);
    }
    public static void swap(DataWrap dw){
        int temp = dw.a;
        dw.a = dw.b;
        dw.b = temp;
        System.out.println("swap 方法中的值: dw.a = " + dw.a + "; dw.b = " + dw.b);
    }
}
```

在上述代码中，首先，定义了一个 DataWrap 类，将变量 a 与 b 定义在这个类中；其次，在 PassRef 类的 main 方法中创建了一个 DataWrap 类的对象实例 dw，为 dw 的成员变量赋值为 a=3，b=5；再次，调用 swap 方法，dw 作为参数，在 swap 方法中，交换了 dw 的成员变量 a 与 b 的值，并输出结果；最后调用完 swap 方法后，在 main 方法中输出 dw 的成员变量 a 与 b 的值。运行结果如下。

```
swap 方法中的值: dw.a = 5; dw.b = 3
main 方法中的值: dw.a = 5; dw.b = 3
```

从运行结果可以看出，在 swap 方法中交换 dw 的 a 与 b 的值后，main 方法中的 dw 的 a 与 b 也被交换，这种在被调用方法中改变形参的值，同时会改变实参的情况被称为引用数据类型参数传值，一般出现在参数为对象类型时。从表面看，引用数据类型与基本数据类型的传值调用不同，实则不然。对象作为参数时也是传递参数值的副本，只不过此时不是复制对象，而是复制对象的引用，即对象的句柄。对象就像一台电视机，对象的引用则是一个遥控器，通过这个遥控器就可以控制电视机。当对象作为参数进行调用时，实际上是对遥控器进行了复制。

如图 4-8 所示，堆内存区中只有一个 dw 对象存在，栈内存区 main 方法栈区中有 dw 对象的引用。当调用 swap 方法后，dw 的引用复制了一份到 swap 方法栈区中，但是两个引用都指向同一个 dw 对象实例，所以在 swap 方法中交换了 dw 的 a 与 b 成员变量，在 main 方法中也能看到交换后的结果。

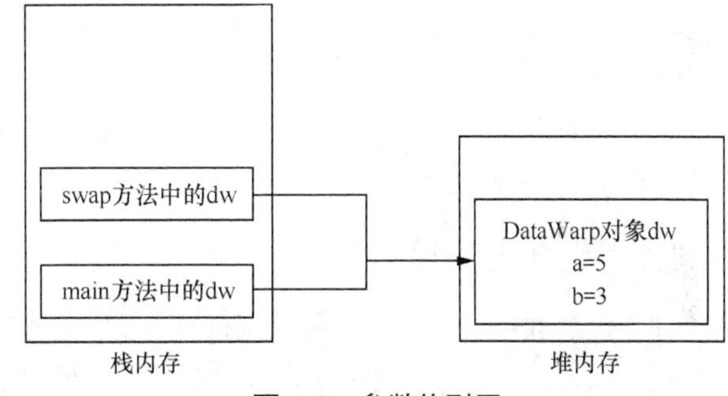

图 4-8　参数传引用

对代码稍加修改，改为如下。

```
public class DataWrap {
    public int a;
    public int b;
}


public class PassRef {
    public static void main(String[] args) {
        DataWrap dw = new DataWrap();
        dw.a = 3;
        dw.b = 5;
        swap(dw);
        System.out.println(dw);
    }
    public static void swap(DataWrap dw){
```

```
            int temp = dw.a;
            dw.a = dw.b;
            dw.b = temp;
            System.out.println(dw);
        }
    }
```

上述代码把输出 a 值与 b 值的语句改为输出 dw 对象，实际输出的是继承自 Object 类的 toString 方法返回的内容，其中包含对象的 id，通过观察这个 id，可以判断两个对象在内存中是否为同一个对象实例。运行结果如下。

```
com.hqyj.java.chapter04.DataWrap@15db9742
com.hqyj.java.chapter04.DataWrap@15db9742
```

观察运行结果发现，swap 与 main 方法中的 dw 引用的对象实例的 id 都是 15db9742，所以它们引用的是同一个 DataWrap 的对象实例，因此无论是在 swap 还是 main 方法中，都能通过 dw 引用访问这个对象实例的成员变量。

4.5 对象的组合

面向对象的意义在于对象与对象之间是相互关联的。换句话说，不同对象间通过一定的关系进行协作。

4.5.1 组合与复用

V4-6 组合与复用

代码复用是程序开发追求的目标之一，原则上，如果一段代码在程序中出现两次以上，就应该考虑代码复用。在 C 语言这样的面向过程开发的语言中，代码复用通过函数来实现，在 Java 中实现复用的方式有类、继承与组合等，继承将在本书第 5 章中详细介绍，本节重点介绍组合。

软件开发中有一句常用的话是“不要重复发明轮子”，意思就是要尽量使用已有的资源，不要什么都从头开始制造。在 Java 开发中，程序代码主要以类的形式存在，每个类都有它特有的属性，能实现特定的功能，把若干类整合到一起，就能实现一定的业务功能，完成应用软件的开发。组合是整合多个类的方式之一，可以在一个类中组合其他现有的类，从而调用其他类中的方法。如要用程序模拟一辆汽车，则可以把汽车的主要部件如引擎、轮子等单独写成一个类，并把部件组合到汽车类中。这样做的好处一是能够隐藏实现细节，使开发汽车的工程师不需要了解部件的运作原理；二是能复用代码，开发汽车的工程师可以组合使用部件，不用重复制造。

示例代码如下。

```
public class Engine {
    private float  sweptVolume;

    public void start(){
```

```
        System.out.println("发动机启动");
    }

    public void stop(){
        System.out.println("发动机停止");
    }
}

public class Wheel {
    private String size;

    public void turn(){
        System.out.println("轮胎转动");
    }

    public void inflate(){
        System.out.println("轮胎充气");
    }
}

public class Car {
    private Engine engine;
    private Wheel wheel;

    public Car(Engine engine,Wheel wheel) {
        this.engine = engine;
        this.wheel = wheel;
    }

    public void drive(){
        engine.start();
        wheel.turn();
    }
}
```

上述代码中，首先创建了两个类 Engine 与 Wheel。Engine 类定义了排量属性、启动与停止方法；Wheel 类定义了轮胎尺寸属性、充气与转动方法。Car 类有两个成员变量 engine 与 wheel，这样就可以把引擎与轮胎组合到汽车中，而不需要重复创建，起到了代码复用的效果。Car 类直接调用 Engine 类的启动方法与 Wheel 类的转动方法，从而驱动 Car 类的 drive 方法。对驾驶员来说，直接操作的类是 Car，但是 Car 通过组合 Engine 类与 Wheel

类实现了 drive 功能。这样不仅能复用代码，还能屏蔽实现细节，使软件代码的开发任务得到分解并简化，有利于协作、高效、快速地开发软件系统。

4.5.2 类的关联关系与依赖关系的 UML 图

类在程序中不是孤立存在的，而是相互之间有一定关系，如 4.5.1 节讲到的组合关系。类与类之间还有一种引用关系，即一个类的参数引用到另一个类，也就是前文讲到的引用传参，这种关系叫作依赖关系。

1. 关联关系

关联（Association）关系是类与类之间的连接，它使一个类知道另一个类的属性与方法。关联可以是双向的，也可以是单向的。单向关联的使用更为普遍，通常不建议使用双向关联。单向关联关系 UML 图用单箭头线表示关系，箭头指向被引用的类，如图 4-9 所示。

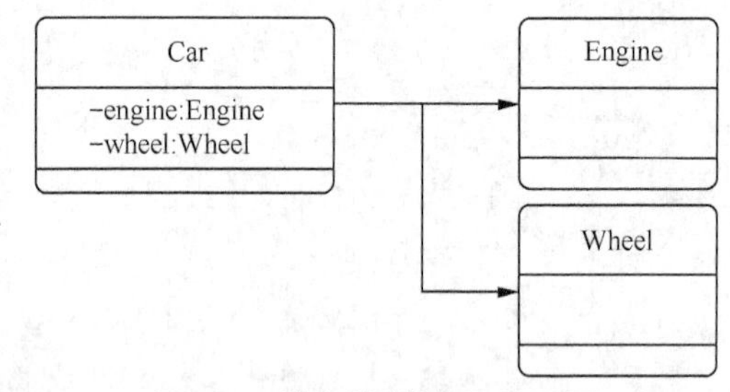

图 4-9 单向关联关系 UML 图

从 UML 图中可以看出，关联关系是通过成员变量实现的，也就是组合。Car 关联 Engine 与 Wheel，所以 Car 有两个成员变量：Engine 类型的 engine 和 Wheel 类型的 wheel。

2. 依赖关系

依赖（Dependency）也是类与类之间的连接，依赖总是单向的。依赖关系表示一个类依赖另一个类的定义。一个人（Person 类）可以买车（Car 类），但是车不是人的组成部分，所以 Car 不是 Person 的一个成员变量，只作为 buyCar 方法的参数，这是其与关联关系最大的区别。依赖关系 UML 图用带箭头的虚线表示，如图 4-10 所示。

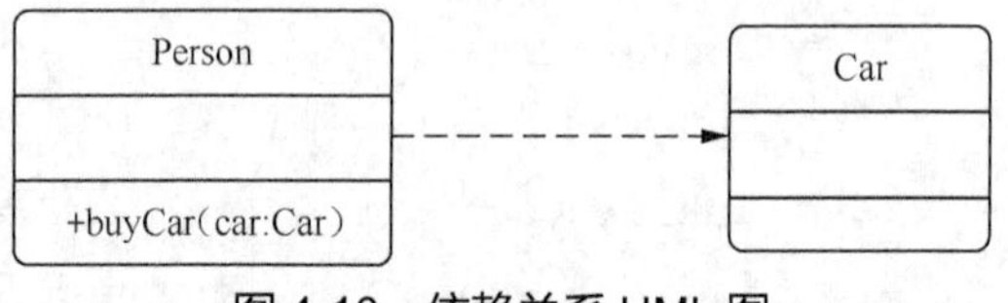

图 4-10 依赖关系 UML 图

从 UML 图中可以看出，当一个类的方法参数引用到另一个类时，就称这个类依赖另一个类，它们之间的连接关系不如关联关系强，所以连接线采用虚线。

4.6 实例方法与静态方法

方法并不是只有一种，本节针对实例方法和静态方法的区别与联系进行讲解。

4.6.1 实例方法与静态方法的定义

V4-7 实例方法与静态方法

前文讲解的成员方法也称为实例方法。除了实例方法外，还有一种静态方法。实例方法加入 static 关键字修饰后即成为类方法，也称为静态方法。绝大多数情况下定义的方法是实例方法，实例方法需要创建对象后才能调用。有时也需要定义静态方法，在没有创建对象的情况下可以采用“类名.方法名”的方法直接调用，如在项目开发时需要的一些工具类，示例代码如下。

```
public class StringUtil {

    /**
    * 判断一个字符串是否不为空（不为 null 并且不为空字符）
    * @param str 要判断的字符
    * @return 不为空时返回 true,否则返回 false
    */
    public static boolean isNotEmpty(String str) {
        boolean flag = false;
        if (str != null && !str.equals("")) {
            flag = true;
        }
        return flag;
    }
}
```

上述代码在 StringUtil 类中定义了一个 isNotEmpty 方法，这个方法前面加了 static 关键字进行修饰，所以它是静态方法，isNotEmpty 方法在类被加载的时候就会被创建，不需要创建对象实例即可直接用类名访问，如 StringUtil.isNotEmpty("abc")。

static 关键字除了可以修饰方法外，还可以修饰变量，这种变量叫作类变量或静态变量。类变量会在类加载后创建，直接用类名调用，多个对象实例共享类变量，但是不能在局部变量前面加 static 关键字，示例代码如下。

```
public class Chinese {
    static String country = "中国";

    public static void main(String[] args) {
        System.out.println("通过类名访问静态变量：" + Chinese.country);
        Chinese cn = new Chinese();
        System.out.println("通过对象访问静态变量：" + cn.country);
    }
}
```

static 关键字还可以用于修饰一段代码，用大括号括起来，这样的代码叫作静态代码块。静态代码块在类加载时执行，并且只会执行一次，常常用于初始化数据。以下代码虽然创建了多个对象，但是 StaticCode 类中的静态代码只执行一次。

```
public class StaticCode {
    static String country;
    static{
        country = "China";
        System.out.println("Static code is loading.");
```

```
    }

    public static void main(String[] args) {
        new StaticCode();
        new StaticCode();
    }
}
```

静态方法在之前编写代码的过程中已经遇到过了，如 System.out.println()。Java 程序的主方法 main 也是一个静态方法，main 方法会被 Java 虚拟机直接调用。

4.6.2 实例方法与静态方法的区别

静态方法与实例方法在定义上的区别是多了一个 static 关键字，说明这个方法为静态且属于类，类加载后方法即可被调用。

在使用静态方法时，要注意以下几点。

① 在静态方法中只能直接调用同类中的其他静态变量与静态方法，而不能直接访问类中的非静态成员。

② 静态方法不能应用关键字 this 和 super（详见本书第 5 章）。

③ 主方法必须是静态的。

4.7 this 关键字

V4-8 this 关键字

有时一个类中的方法会调用同类中的另一个方法。例如，一个篮球运动员完成投篮的行为包含跑动与跳跃等动作，但是不投篮的时候运动员也在场上跑动与跳跃，所以把跑动、跳跃的行为分别定义为一个方法，在投篮方法中调用这两个方法，这样更加符合高内聚、低耦合的设计原则，示例代码如下。

```
public class Player {
    private String name;

    public Player(String n){
        name = n;
    }

    public void run(){
        System.out.println(name + " is running");
    }

    public void jump(){
        System.out.println(name + " is jumping");
    }
```

```
    public void shoot(){
        this.run();
        this.jump();
    }

    public static void main(String[] args) {
        Player p1 = new Player("詹姆斯");
        p1.shoot();
        Player p2 = new Player("库里");
        p2.shoot();
    }
}
```

上述代码中，shoot 方法需要访问本对象中的 run 与 jump 方法，因为对象实例的方法需要引用句柄才能访问，否则无法决定调用哪个对象中的方法。所以在方法前面加上 this 关键字来表示当前类的对象，也就是正在执行 shoot 方法的对象。在调用此静态方法时，this 关键字通常省略。

在以下 3 种情况下必须使用 this 关键字。

1. 构造方法或成员方法传入的参数名与成员变量名相同

示例代码如下。

```
public class Student {

    private String name;

    public void setName(String name) {
        // 因为局部变量的优先级高于成员变量，因此必须使用 this 来调用成员变量
        this.name = name;
    }

}
```

2. 在当前类中表示当前类在外部的调用对象

例：学生办理学生证，学生是一个类，在办理学生证的这个方法中，要创建一个学生证类的对象实例，学生证类的构造方法需要学生作为参数，因为学生证上要打印学生的相关信息。

示例代码如下。

```
public class StudentCard {
    private String name;
    private String gender;
```

```
        private String className;

        public StudentCard(Student stu) {
             this.name = stu.getName();
             this.gender = stu.getGender();
             this.className = stu.getClassName();
        }

        @Override
        public String toString() {
             return "StudentCard [name=" + name + ", gender=" + gender + ",
className=" + className + "]";
        }
    }


    public class Student {
        private String name;
        private String gender;
        private String className;

        public StudentCard createStudentCard(){
             // this 作为参数传递给 StudentCard 对象
             StudentCard sc = new StudentCard(this);
             return sc;
        }

        public static void main(String[] args) {
             Student stu = new Student();
             stu.setName("小明");
             stu.setGender("男");
             stu.setClassName("软件工程 1 班");
             StudentCard sc = stu.createStudentCard();
             System.out.println(sc);
        }

        public String getName() {
             return name;
        }
```

```
    public void setName(String name) {
        this.name = name;
    }
    public String getGender() {
        return gender;
    }
    public void setGender(String gender) {
        this.gender = gender;
    }
    public String getClassName() {
        return className;
    }
    public void setClassName(String className) {
        this.className = className;
    }
}
```

this关键字在此示例中代表当前类的对象，也就是正在运行createStudentCard方法的对象实例，因为对象实例引用只有创建对象后才能得到，在类定义的时候无法得到对象实例的引用，所以必须使用this关键字。

3. 构造方法之间的相互调用

构造方法之间可以相互调用，此时并不是使用构造方法名来调用，而是使用“this(参数列表)”的形式来调用，通过参数列表来选择对应的构造方法。需要注意的是，this必须放在构造方法的第一句。

示例代码如下。

```
public class Person {
    private String name;
    private int age;

    public Person(String name){
        this.name = name;
    }

    public Person(String name, int age){
        // 使用this来调用一个参数的构造方法，必须在此构造方法的第一句执行
        this(name);
        this.age = age;
    }
}
```

4.8 包

包是类唯一识别与管理的重要内容。

4.8.1 包的概念

为了更加方便地对代码文件进行管理，Java 引入了包的概念。这样一方面可以使.java 文件的结构更加清晰，另一方面可以避免类的重名现象所导致的二义性等问题。

4.8.2 创建包

任意打开一个 Java 源文件，会发现代码非注释内容的第一行就是创建包的语句，如 JDK 中的 Object 类的代码片段如下。

```
/*
 * Copyright (c) 1994, 2012, Oracle and/or its affiliates. All rights reserved.
 * ORACLE PROPRIETARY/CONFIDENTIAL. Use is subject to license terms.
 */

package java.lang;

/**
 * Class {@code Object} is the root of the class hierarchy.
 * Every class has {@code Object} as a superclass. All objects,
 * including arrays, implement the methods of this class.
 *
 * @author  unascribed
 * @see     java.lang.Class
 * @since   JDK1.0
 */
public class Object {
```

上述代码中的“package java.lang;”语句定义了一个包。定义包的关键字是 package，包名是 java.lang，包名的多个单词之间用“.”分隔。

创建包要注意以下 3 个规则。

① 创建包的语句必须放在有效代码（注释行、空行等除外）的第一行。

② 包名尽可能保持唯一性。包名的一个重要作用就是为类名添加限定标识，避免类重名引起的二义性等问题，所以要保证包名的唯一性。Java 代码规范建议包名用“域名.项目名.模块名”的格式来命名，如 com.hqyj.crm.system。

③ 包名建议使用小写字母。包名的所有单词建议使用小写字母，每个单词之间使用“.”来分隔。

4.8.3 使用包中的类

如果一个类定义了包名，那么编译成.class 文件后就应该存放在包名对应的目录下，包名中的点对应目录的分隔符，示例代码如下。

```
package com.hqyj.crm.system;

public class Login {

}
```

上述代码中定义了一个Login类，这个类属于包com.hqyj.crm.system，在Eclipse环境下，其代码结构如图4-11所示。

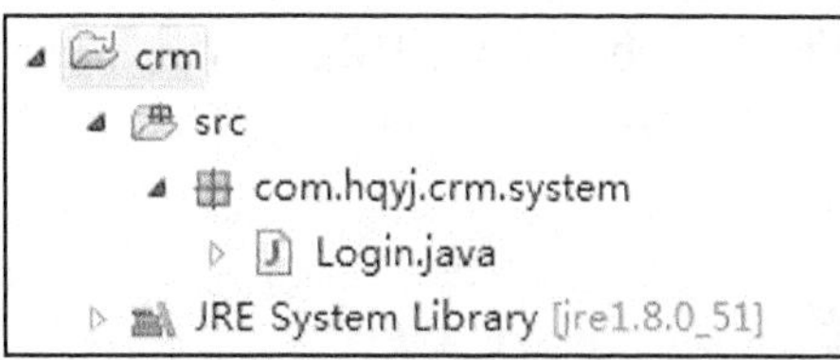

图4-11 代码结构

Login.java源文件位于项目目录下的src\com\hqyj\crm\system文件夹中。项目完成编译之后，字节码文件Login.class保存在bin\com\hqyj\crm\system文件夹中。Java虚拟机在加载Login类时，会先根据包名翻译目录名，再到classpath路径下寻找对应目录下的Login.class文件。在这个项目中，bin是classpath路径，如果找不到Login.class文件，则会报找不到类的错误。

使用包中的类时也需要在类名前带上完整的包名，例如，Login类要想创建对象，可以写成“com.hqyj.crm.system.Login login = new com.hqyj.crm.system.Login();”。

4.9 import语句

Java中类的访问有两种方式：一种是4.8.3节中介绍的使用完整包名加类名的方式；另一种是使用import语句导入类，直接使用类名。

V4-9 导入类

4.9.1 类的两种访问方式

第一种访问方式代码会很长，不利于编写和阅读，所以通常用第二种访问方式。在类文件的package语句之后添加import语句导入类，示例代码如下。

```
package com.hqyj.crm.system.test;
// 导入com.hqyj.crm.system包下的Login类
import com.hqyj.crm.system.Login;

public class TestLogin {

    public static void main(String[] args) {
        // 导入类后，可以直接使用类名
        Login login = new Login();
    }

}
```

以上示例代码中用“import com.hqyj.crm.system.Login;”语句导入了Login类，所以在代码中可以直接使用类名访问该类。如果一个类会引用多个其他类，则使用这种方式导入类比较麻烦，每个类都要写一行 import 语句。Java 中的 import 语句可以用“*”作为通配符，表示导入某个包下的所有类，此例中的 import 语句可以修改为“import com.hqyj.crm.system.*;”，表示导入 com.hqyj.crm.system 包下的所有类。这样不仅可以直接使用类名访问 Login 类，同包下的其他类也可以直接使用类名访问。需要特别注意的是，“*”仅表示该包下的所有类，并不包含子包下的类。

尽管通过引入包能解决类名相同导致的二义性问题，利用 import 语句能简化代码，但是当使用两个不同包下的同名类时还是会出现二义性问题。为了避免这种问题，必须在类名前加上包名来访问类。一个典型的例子就是 JDK 的 java.util 与 java.sql 包中都有 Date 类，示例代码如下。

```
package com.hqyj.java.chapter04;

import java.util.*;
import java.sql.*;

public class ClassConflict {

    public static void main(String[] args) {
        // 通过包名来区分两个重名但不同包的类
        java.util.Date javaDate = new java.util.Date();
        java.sql.Date sqlDate = new java.sql.Date(0);
    }

}
```

同一个包下的类之间相互访问可以不用指定包名。这就好比同学聊天时问对方来自哪个省，对方回答“我来自中国上海”，这种回答听起来有一些奇怪，因为大家都是中国人，所以没必要再加限定词“中国”，可以直接回答“来自上海”。相反，如果询问一个外籍同学，他一般会回答国籍加地名，如墨西哥蒂华纳，这里的墨西哥就相当于包名，蒂华纳就相当于类名。

4.9.2 引入类库中的类

Java 为用户提供了大量的各种实用类，通常称为应用程序编程接口（Application Programming Interface，API）。这些类按照不同的功能分别放入了不同的包中，以便于程序员编程时调用，下面介绍最常用的几个包。

1. java.lang

java.lang 包含一些 Java 语言的核心类，如 String、Math、Integer、System 和 Thread 类，提供常用功能。

2. java.net

java.net 包含执行与网络相关的操作的类。

3. java.io

java.io 包含能提供多种输入/输出功能的类。

4. java.util

java.util 包含一些实用工具类，如定义系统特性、使用与日期日历相关的函数。

5. java.text

java.text 包含一些与 Java 格式化相关的类。

6. java.sql

java.sql 包含与 JDBC 数据库编程相关的类。

7. java.awt

java.awt 包含构成抽象窗口工具库（Abstract Window Toolkits）的多个类，这些类被用来构建与管理应用程序的图形用户界面（Graphical User Interface，GUI）。

8. java.swing

java.swing 包含与 Swing 图形用户界面编程相关的类，这些类可用于构建平台无关的 GUI 程序。

值得注意的是，java.lang 包会自动导入。对于其中的类，不需要程序员手动使用 import 语句导入，如 String、System 类等。

4.10 访问权限

Java 使用一些访问权限修饰符来进行代码权限的管理。访问权限共有 4 种，分别是 private、default、protected、public。值得注意的是，不能在方法体内声明的局部变量前添加访问权限修饰符。

1. private 权限

如果一个成员变量或方法前面使用了 private 修饰，那么这个成员只能在当前类的内部使用。

2. default 权限

如果一个成员变量或方法前面没有使用任何访问权限修饰符，则称这个成员是默认的访问权限。对于默认访问控制的成员，可以被这个包中的其他类访问。

值得注意的是，默认权限不能显式使用 default 修饰。

3. protected 权限

如果一个成员变量或方法前面使用了 protected 修饰，那么这个成员既可以被同一个包中的其他类访问，又可以被不同包中的子类访问。

4. public 权限

如果一个成员变量或方法前面使用了 public 修饰，那么这个成员可以被所有的类访问，而无论访问类与被访问类是否在同一个包中。

4 种访问权限的修饰范围见表 4-2。

表 4-2　4 种访问权限的修饰范围（"√"表示可访问）

修饰范围	访问权限			
	private	default	protected	public
本类中	√	√	√	√
同一个包中		√	√	√
子类中			√	√
全局				√

除了类中的成员有访问权限外，类本身也有访问权限，即在定义类的 class 关键字前加上访问权限修饰符。类本身只有 public 与 default 两种访问权限，具有 public 访问权限的类能被所有的类访问，具有 default 访问权限的类只能被同一个包中的类访问。

小结

在 Java 中"万物皆对象"，本章主要介绍了面向对象编程的概念。程序的基本组成单位是类，类中通常包含成员变量与成员方法的定义。除了成员变量与成员方法外，还有静态变量与静态方法。类与成员拥有 4 种访问权限：private、default、protected、public。类创建完成后还需要创建对象实例，通过 new 关键字创建对象，创建对象时会调用构造方法。调用一个对象实例的方法时，可能需要传递参数。参数传递有基本数据类型与引用数据类型两种方式。类需要用包进行管理，引用类的时候需使用 import 语句导入。

思考与练习

1．创建一个包，编写一个学生类并提供适当的属性与行为。

2．在另一个包中编写一个测试类，在 main 方法中创建题 1 中的学生类的对象，并调用其方法。

3．编写一个类，其中包含一个静态变量。创建多个对象实例，分别修改静态变量的值，观察修改结果是否影响其他对象中的访问结果。

4．编写一个类，提供 private、default、protected、public 四种访问权限的方法，分别从同包与不同包的类中访问这些方法，观察访问结果或编译错误信息。

第5章 继承与多态

继承与多态是面向对象编程的难点，也是现代化编程的强大武器。在充分掌握这些技能后，可以培养抽象能力，使编程变得十分简单。

内部类是 Java 为了使编程更加方便而开发的一种有效的方法。

本章要点

- 继承与访问控制符
- 实例创建的全过程
- 多态
- 抽象类与抽象方法
- 内部类

5.1 继承

在现实生活中，某些对象具有一些共性，可以把共性的部分提取出来，形成一个更加泛化的概念。例如，小轿车、货车、客车都可统称为汽车，它们具备汽车的共性，但是它们还有自身的特点；汽车、飞机、火车都可统称为交通工具，它们具备交通工具的共性，但是它们也有自身的特点。可以绘制继承关系类图，如图 5-1 所示。

图 5-1 把小轿车、货车、客车作为子类，汽车作为父类（也称为超类或基类）。子类继承了父类的所有属性和方法，同时又有自身特有的属性和方法，子类同时可以修改父类的属性或改写父类的方法。

为了简单起见，可以使用另外一个例子。设计一个父类 Animal，分别用子类 Dog、Cat 和 Pig 类来继承 Animal 类，如图 5-2 所示。

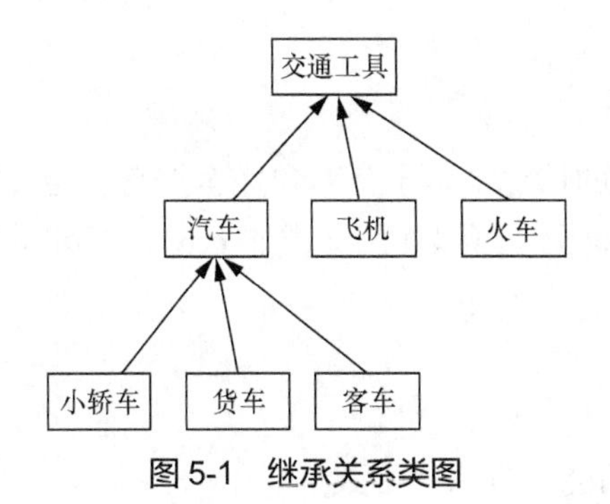

图 5-1 继承关系类图

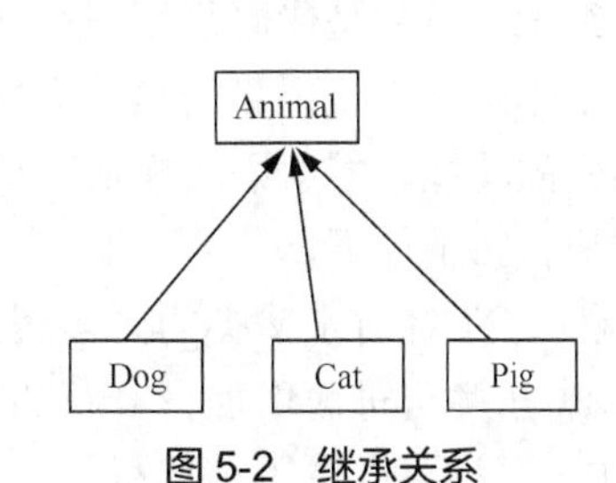

图 5-2 继承关系

假设 Animal 类有基础属性 name、age 和基础方法 work，Dog 类还有特殊属性 kind 和特殊方法 bark，Cat 类有特殊属性 color 和特殊方法 jump，Pig 类有特殊属性 weight 和特殊方法 sleep，示例代码如下。

```
public class Animal {
    String name;
    int age;
    public void work() {
        System.out.println("Animal 干活");
    }
}
public class Dog extends Animal{
    String kind;
    public void bark() {
        System.out.println("Dog 叫喊");
    }
}
public class Cat extends Animal{
    String color;
    public void jump() {
        System.out.println("Cat 跳跃");
    }
}
public class Pig extends Animal{
    String weight;
    public void sleep() {
        System.out.println("Pig 睡觉");
    }
}
```

从上述代码可以看出，可以使用 extends 关键字来指明子类与父类之间的关系。如果省略 extends 子句，则该类默认继承自 java.lang.Object 类。Object 类是所有类的根源类。

5.1.1 继承的优点

继承的目的是代码复用。

复用是减少代码量的最佳方式之一。在继承的情况下，子类对象完全拥有了与父类对象同样的功能。根据语法规则，在子类的内部代码中，可以使用父类非 private 权限的属性与方法，归纳如下。

① 子类拥有了父类的诸多属性与方法。

② 子类可进而增加自身新的属性与方法。

③ 子类可以覆盖（重写）父类的某个同名功能（方法、函数）。

④ 继承情况下的访问规则与访问权限修饰符有关，规则如下。

- 子类可以直接访问父类 public、protected 的属性与方法。
- 子类可以在同包下访问父类 default 的属性与方法。
- 子类无法访问父类 private 的属性与方法。
- 子类无法继承父类的构造方法，即不能用形式"new 子类名(父类构造方法的参数列表)"来实例化，只能在子类的构造方法中用 super(...)去调用父类的构造方法。

上述规则见表 5-1。

表 5-1　继承情况下的访问规则

修饰符	本类	同　包	子类（不同包）	全　局
private	可见			
default	可见	可见（无论是否为子类）		
protected	可见	可见	可见	
public	可见	可见	可见	可见

5.1.2　实例创建的全过程

这里主要讨论在继承的情况下，实例创建过程的复杂性。要想得出正确规律，可通过在 Eclipse 中设置断点并以调试模式运行来观察代码的执行顺序。

V5-1 实例创建过程

实例创建的基本规律是先静态后非静态，其中要先构造父类的部分，后构造子类的部分。也就是说，在调用"new 子类( )"时，子类构造方法内的语句还未执行前，系统会隐式按以下步骤进行。

1. 执行静态部分

先执行父类的静态部分，再执行子类的静态部分。需要注意的是，静态部分只在第一次加载类时执行一次，以后不会执行。"类第一次被使用"包括下面几种情况。

① 直接使用类的静态变量或调用静态方法，如 Math.PI。

② 调用"new 类名( )"创建对象时，虚拟机会先加载类本身。

③ 其他装载类的机制。

2. 执行非静态部分

先执行父类的非静态部分，再执行子类的非静态部分，具体操作如下。

（1）初始化赋值语句。

（2）初始化块。

（3）构造方法。

① 观察构造方法的第一句是否使用 this 或 super 调用其他构造方法。若使用 this 调用其他构造方法，则先直接调用本类另一个构造方法再执行后续语句；若使用 super 调用构

造方法，则相当于指定了要先调用父类对应的构造方法；若没有使用 this 或 super 调用其他构造方法，则相当于默认调用父类的无参构造方法，即 super()。值得注意的是，构造方法的第一句不可能既使用 this 调用构造方法又使用 super 调用构造方法。此规则会逐层向更高一级父类作用，直至 Object 类。

② 执行本类的构造方法体中的剩余语句。

③ 构造方法还可以调用成员方法。

实例创建过程的示例代码如下。

```
class Father {
    static String f_name = "Father";
    static {
        System.out.println("Father 静态初始化块");
        System.out.println("Father 静态变量 类名=" + f_name);
    }
    {
        System.out.println("Father 普通初始化块");
    }
    private int a = 0;
    public Father(int i) {
        System.out.println("----------------------------------------");
        System.out.println("in Father constructor");
        System.out.println("a=" + a);
        a = i;
        System.out.println("a=" + a);
        fa();
        System.out.println("----------------------------------------");
    }
    private void fa() {
        System.out.println("father's fa() is called");
    }
}
class Child extends Father {
    static String c_name = "Child";
    static {
        System.out.println("Child 静态初始化块");
        System.out.println("Child 静态变量  类名=" + c_name);
    }
    {
        System.out.println("Child 普通初始化块");
    }
```

```
    private int b = 0;
    public Child(int i) {
        super(5); // 如果去掉此句，则会调用无参数的父类构造方法，会编译报错
        System.out.println("========================================");
        System.out.println("in Child constructor");
        System.out.println("b=" + b);
        b = i;
        System.out.println("b=" + b);
        ch();
        System.out.println("========================================");
    }
    private void ch() {
        System.out.println("child's ch() is called");
    }
}
public class Test{
    public static void main(String[] str) {
        Child ch = new Child(3);
    }
}
```

关于上述代码，有以下说明。

编译系统会确认子类构造方法的调用关系，如子类调用某个父类构造方法或者自身的另一个构造方法。如果子类没有写明，则默认调用父类的无参数的构造方法，此时父类有以下 3 种情况。

1. 没有任何构造方法

此时，系统会自动为父类生成一个无参数的构造方法，编译能通过。

2. 有无参数的构造方法

此时，类使用该构造方法，编译能通过。

3. 有其他构造方法，而没有无参数的构造方法

此时，系统不会为父类提供无参数的构造方法，因此编译器不知道该调用哪一个构造方法，编译不通过。所以应当为父类提供一个无参数的构造方法，以提供给将来的子类使用。

上述代码的运行结果如下。

```
Father 静态初始化块
Father 静态变量 类名=Father
Child 静态初始化块
Child 静态变量　类名=Child
Father 普通初始化块
```

```
----------------------------------------
in Father constructor
a=0
a=5
father's fa() is called
----------------------------------------
Child 普通初始化块
========================================
in Child constructor
b=0
b=3
child's ch() is called
========================================
```

5.1.3 子类隐藏父类的成员变量

V5-2 子类隐藏父类成员变量

如果子类定义了与父类同名的成员变量，除非使用 super 关键字调用，否则父类的成员变量在子类以及更下级的子类中不可见。

this 与 super 关键字的用法有多种形式，其调用过程会稍显复杂，总之，this 与 super 关键字指明了是访问父类还是子类。

super 指向父类、this 指向本类，具体用法与效果如下。

1. super(...)

其用于调用父类的某构造方法，且它只能作为构造方法的第一句。

2. super.变量名或方法名

其用于调用父类的属性或方法。

3. this(...)

其用于调用本类的另一个构造方法，且它只能作为构造方法的第一句。

4. this.变量名或方法名

其用于调用本类的属性或方法。

5. this 关键字表示当前类在外部的对象

其通常用于参数传递。

this 关键字的示例代码如下。

```
class Father {
    int i;
    void print_i() {
        System.out.println("父类中的 i=" + i);
    }
```

```
    }
    class Child extends Father {
        int i; // 这里的变量 i 隐藏了父类的变量 i，它们将指代不同的内存区域
        public Child(int i) {
            this.i = i;
            super.i = i + 5; // super 可以指明是调用父类
        }
        void print_i() // 这里用到了覆盖，将在后面学习
        {
            super.print_i(); // super 可以指明是调用父类
            System.out.println("子类中的 i=" + i);
        }
    }
    class Test {
        public static void main(String[] args) {
            Child c = new Child(8);
            c.print_i();
        }
    }
```

运行结果如下。

```
父类中的 i=13
子类中的 i=8
```

5.2 多态

多态（Polymorphism）一般简单叙述为“一个接口，多种实现”，或者指运行期间的“动态绑定”现象。由于多态与“方法重载”以及“对象转型”等知识点相关，所以先介绍这几个概念。

5.2.1 方法重载

方法重载（Overload）指的是同一个类中方法名称相同但功能不同的一种用法，其意义在于可以根据传入的不同参数对代码采取不同的措施。

V5-3 方法重载

方法重载的条件如下。

① 重载的方法在同一个类中。

② 方法的名称相同。

③ 参数的类型或个数不同。

示例代码如下。

```
    public class Test {
        void print() {
```

```
        System.out.println("no params");
    }

    void print(int i) {
        System.out.println("int i = " + i);
    }

    void print(String s) {
        System.out.println("String s = " + s);
    }

    public static void main(String[] args) {
        Test t = new Test();
        // 通过不同的参数来匹配不同的重载方法
        t.print();
        t.print(1);
        t.print("hello");
    }
}
```

运行结果如下。

```
no params
int i = 1
String s = hello
```

5.2.2 避免重载出现的歧义

在方法重载时，要避免参数不同而导致的一些歧义，示例代码如下。

```
public class Test {
    void print(double m, int n) {
        System.out.println("a");
    }

    void print(int m, double n) {
        System.out.println("b");
    }

    public static void main(String[] args) {
        Test t = new Test();
        t.print(10, 10); // 此语句无法通过编译，因为编译器无法对应具体的方法
    }
}
```

5.2.3　方法覆盖

V5-4 方法覆盖

方法覆盖（Override）指的是子类拥有与父类同名的方法且功能相似。方法覆盖的目的是子类用某个新的功能去替代父类同名方法原来的功能。

方法覆盖的条件如下。

① 子类的方法名与父类的方法名相同。

② 方法必须具有相同的参数列表项。

③ 子类方法的返回值类型与父类相同。

④ 子类方法不能比父类方法有更严格的访问权限。

⑤ 子类方法不能抛出比父类方法更多的异常。

示例代码如下。

```
public class Animal {
    public void work() {
        System.out.println("Animal work()");
    }
}
public class Dog extends Animal{
   // 子类 Dog 的 work 方法覆盖了父类 Animal 的 work 方法
    public void work() {
        System.out.println("Dog work()");
    }
}
public class Test {
    public static void main(String[] args) {
        new Dog().work();
    }
}
```

运行结果如下。

```
Dog work()
```

值得注意的是，当子类方法需调用父类的被覆盖方法时，可以通过“super.方法名()”的形式来调用。

在编程中经常会输出对象的整体信息字符串，这需要程序员自行编写生成此字符串的代码。不同的程序员可能给这个提供字符串的功能取不同的方法名。为了统一，Object 类专门定义了一个 toString 方法用于输出对象信息。通常可以根据需求去覆盖此方法，以形成自定义的 toString 方法，示例代码如下。

```
public class Animal {
    private String name;
    private int age;
```

```
    public Animal(String name, int age) {
        this.name = name;
        this.age = age;
    }
    // 尝试注释掉 toString 方法
    @Override
    public String toString() {
        return "Animal [name=" + name + ", age=" + age + "]";
    }
}
public class Test {
    public static void main(String[] args) {
        System.out.println(new Animal("小七", 10));
    }
}
```

运行结果如下。

```
Animal [name=小七, age=10]
```

如果注释掉 Animal 类中的 toString 方法，则运行结果如下。

```
com.qq.model.Animal@15db9742
```

值得注意的是，语句“System.out.println(对象);”实际是输出“对象.toString()”的返回值。

5.2.4 对象转型

对象转型即引用数据类型的类型转换，分为向上转型与向下转型。

1. 向上转型

向上转型指的是子类对象转换成父类对象，可以自动进行转换。

```
// Animal 是 Dog 的父类
Animal animal= new Dog("哈士奇","旺财", 10);
```

2. 向下转型

向下转型指的是父类对象转换成子类对象（或两个看似不相关的类型之间的转换），书写时需用“强制”转型，如“Dog dog = (Dog)animal;”。在运行时，必须类型匹配，否则会报“ClassCastException”异常。所谓“类型匹配”是指实例本身就是目标类型，如这里的 animal 原本就是由一个 Dog 对象转换而来的。

强制转换的书写格式如下：(目标类型) 变量名。

示例代码如下。

```
public class Test {
    public static void main(String[] args) {
        Animal animal1= new Dog("哈士奇","旺财", 10);
```

```
        Dog dog1 = (Dog)animal // 正确，因 animal 变量本就从 Dog 对象赋值而来

        Animal animal2 = new Animal("小七", 10);
        Dog dog2 = (Dog)animal2;// 报 ClassCastException 错误
    }
}
```

为了保险，建议先用 instanceof 关键字进行检测再进行转换。但使用 instanceof 关键字的条件是第一个参数必须与第二个参数所指定的类或接口在继承树上有上下级关系，示例代码如下。

```
public class Test {
    public static void main(String[] args) {
        Animal animal1= new Dog("哈士奇","旺财", 10);
        if (animal1 instanceof Dog){
            Dog dog1 = (Dog)animal1;
            System.out.println("转换 1");
        }
        Animal animal2 = new Animal("小七", 10);
        if (animal2 instanceof Dog){
            Dog dog2 = (Dog)animal2;
            System.out.println("转换 2");
        }
        Dog dog3 = new Dog();
        if (dog3 instanceof Animal) { // 向上转换，实际上不必使用强制转换
            Animal animal3= (Animal)dog3; // 此语句多余了
            System.out.println("转换 3");
        }


/*
        Cat cat  = new Cat();
        if (cat instanceof Dog) { // 没有上下级关系，不能使用 instanceof 关键字
            Dog dog3 = (Dog)cat;
        }
        */
    }
}
```

运行结果如下。

```
转换 1
转换 3
```

V5-5 多态

5.2.5 动态绑定

Java 中变量的一个特性是运行时的动态绑定机制，示例代码如下。

```
class Animal {
    public void work() {
        System.out.println("Animal work()");
    }
}
class Dog extends Animal{
    public void work() {
        System.out.println("Dog work()");
    }
}
public class Test {
    public static void main(String[] args) {
        Animal animal= new Dog();
        animal.work();// 思考：最终会调用哪一个 work 方法，父类的还是子类的？
    }
}
```

运行结果如下。

```
Dog work()
```

上述代码中虽然变量 animal 的声明类型是 Animal，但是在运行时，animal 被赋值为子类 Dog 的对象，而 Dog 类本身定义的 work 方法覆盖了 Animal 的 work 方法，所以调用的是 Dog 类的 work 方法，这就是 Java 程序在运行时的动态绑定特性。

动态绑定是指程序运行过程中，对象变量调用方法（此方法被子类所覆盖）时，调用哪一个方法取决于当前变量实际指向的是哪个类型的实例。可以把不同的子类对象赋给父类变量，结合动态绑定特性，同一份代码就可以存在多种运行结果，这就是所谓的“多态”。

5.3 抽象类与抽象方法

V5-6 抽象类与抽象方法

在项目设计初期，需要设计很多框架，这些框架的代码只是声明，并不需要实现细节，这时需要使用抽象类与抽象方法。

1. 抽象类

抽象类是用 abstract 关键字修饰的类，这种类无法被实例化。抽象类存在的意义是用于其被其他类继承，它表示一个类的框架，而不是具体内容的实现。抽象类可以含有抽象方法，也可以不含抽象方法。

2. 抽象方法

抽象方法是用 abstract 关键字修饰的方法，它只有方法的声明而没有方法的定义。

抽象类和抽象方法的关系有如下规定。

① 含有抽象方法的类必然是抽象类，必须使用 abstract 关键字修饰。

② 如果父类是抽象类，那么子类必须实现（覆盖）所有的抽象方法，否则子类仍然是一个抽象类。

另外，抽象类可以继承非抽象类，但是这种用法比较少，因为抽象类往往表示非抽象子类的框架。

关于抽象类和抽象方法的示例代码如下。

```
abstract class Animal {
    abstract public void work();
}
class Dog extends Animal{
    public void work() {
        System.out.println("Dog work()");
    }
}
public class Test {
    public static void main(String[] args) {
    // 抽象类无法实例化
        // Animal a= new Animal();
        Animal animal= new Dog();
        animal.work();
    }
}
```

运行结果如下。

```
Dog work()
```

5.4 final 关键字

final 是“最终的，不可变的”的意思。它在 Java 中有多种不同的应用场景，并且在每个场景下体现出的功能各不相同。

1. final 修饰变量

final 关键字可以修饰成员变量、静态变量以及局部变量。

（1）final 关键字修饰成员变量

final 关键字修饰成员变量时，必须给成员变量赋予初始值，且一旦赋值之后不可改变。

（2）final 关键字修饰静态变量

final 修饰静态变量时表示通常意义上的“常量”，如 Math.PI 表示圆周率。常量在命名的时候要使用全大写字母，单词之间使用下划线“_”分割，例如，public static final String CURRENT_TAG = "MainActivity";。

（3）final 关键字修饰局部变量

final 关键字的局部变量可以直接声明，但是必须在整个生命周期内赋值一次，表示其为当前作用域内的常量。例如，定义在某方法中的局部变量在方法执行期间赋值后不可改变，但是方法执行完毕后会被 GC 回收。

2. final 修饰方法

final 关键字修饰方法时表示这个方法不能被覆盖，证明这个方法的功能已经很完善，典型的例子有 Object 类的 getClass 方法与 notify 方法等。另外，抽象方法不允许被 final 关键字修饰。

3. final 修饰类

final 关键字修饰类时表示这个类不能被继承，证明这个类的功能已经很完善，典型的例子有 String 类等。另外，抽象类不允许被 final 关键字修饰。

5.5 内部类

为了使编程更加方便，Java 允许一个类的定义出现在另一个类中，人们将处于一个类中的“寄生类”称为内部类，包含内部类的类称为外部类。这样的一组类在逻辑上是一个整体，内部类和外部类之间存在逻辑上的从属关系。内部类对其外部类的成员有访问权限。内部类有 4 种：静态内部类、成员内部类、局部内部类与匿名内部类。

5.5.1 静态内部类

静态内部类是最简单的一种内部类形式，需要使用 static 关键字修饰。与静态方法类似，静态内部类相当于外部类的一个静态部分，因此静态内部类只能访问外部类的静态成员与静态方法，包括私有的静态成员与静态方法。

静态内部类的示例代码如下。

```
public class Outer {

    private static int i = 0;

    public static class Inner {
        public void print() {
            // 如果 i 不是静态变量，则这里将无法通过编译
            System.out.println(i);
        }
    }
}

class Test{
    public static void main(String[] args) {
        // 静态内部类的实例化
        Outer.Inner inner = new Outer.Inner();
        inner.print();
```

```
        }
    }
```

5.5.2 成员内部类

将静态内部类的 static 关键字删除即可成为成员内部类。与成员方法类似，成员内部类可以访问外部类的所有成员变量与成员方法，也可以访问外部类的所有静态变量和静态方法，而无论其为何种权限。成员内部类是和外部类关系最为密切的一种内部类。值得注意的是，在成员内部类中使用 this 关键字表示的是内部类的对象，如果要在成员内部类中调用外部类的对象，则需要使用“外部类的类名.this”的格式。

成员内部类的示例代码如下。

```
public class Outer {
    private static int i = 0;
    private String s = "hello";

    public class Inner {
        public void print() {
            // 可以调用任何外部类的内容
            System.out.println(i + s);
            System.out.println(this); // this 表示内部类对象
            System.out.println(Outer.this); // this 表示外部类对象
        }
    }
    public static void main(String[] args) {
        // 成员内部类的实例化必须依赖于外部类对象
        Outer outer = new Outer();
        Outer.Inner inner = outer.new Inner();
        inner.print();
    }
}
```

运行结果如下。

```
0hello
communit.Outer$Inner@15db9742
communit.Outer@6d06d69c
```

5.5.3 局部内部类

局部内部类通常定义在方法中，其作用域为方法体内部。局部内部类是使用得最少的一种内部类，与局部变量类似，局部内部类不能被权限修饰符以及 static 关键字修饰。局部内部类访问所在方法的局部变量时，要给外部方法的局部变量增加 final 关键字修饰。局部内部类可以通过方法的返回值而“突破”生命周期。

局部内部类的示例代码如下。

```
public class Outer {
    public void testMethod() {
        final String text = "如果不加 final，内部类将无法访问";
        class Inner {
            public void print() {
                System.out.println(text);
            }
        }
        // 只能在方法内部访问
        Inner inner = new Inner();
        inner.print();
    }
}
```

5.5.4 匿名内部类

V5-7 匿名内部类

匿名内部类就是没有名称的局部内部类，不适用于关键字 class、extends、implements 等，是一种简洁到极致的内部类。匿名内部类隐式地继承了一个父类（或实现了一个接口，详见本书第 6 章）。匿名内部类对象通常作为方法的参数进行传递。

在以下几种情况下，可以考虑使用匿名内部类。

① 只用到类的一个实例。

② 类定义后马上用到。

③ 类非常小。

④ 给类命名不会使代码更容易被理解。

这里补充匿名内部类在使用中的几个原则。

① 匿名内部类中不能有构造方法。

② 匿名内部类中不能定义任何静态代码、方法与类。

③ 不能使用 public、protected、private 与 static 关键字修饰匿名内部类。

④ 只能创建匿名内部类的一个实例。

匿名内部类的示例代码如下。

```
public class Test {
    public static void main(String[] args) {
        // 使用匿名内部类实例化对象
        // 一个没有名称的类隐式地继承了 Car 类并实现了 Car 类中的抽象方法 drive
        Car c = new Car() {
            @Override
            void drive() {
                System.out.println("汽车嘟嘟嘟地开走了");
```

```
                }
            };
            c.drive();
        }
    }

    abstract class Car {
        abstract void drive();
    }
```

小结

本章基于先前学习的基础知识，重点讲解了面向对象的核心特性。继承是面向对象特性的最佳体现，而多态展示了面向对象编程的灵活特性。无论是继承还是多态，其根本目的是代码复用，这也是提高编程效率的关键因素。合理地使用各种内部类可以让程序变得更有层次，从而使程序的结构更加清晰。本章介绍的这些特性都应该是读者在今后的编程过程中细细品味的。

思考与练习

1．为什么 Java 是“单继承”的？这样设计有什么优劣？

2．使用抽象类设计一个图形类 Shape 作为框架，子类 Circle 和 Rectangle 分别遵循此框架并实例化对象测试功能。

3．对比 4 种内部类分别适用的场合。

4．内部类可以拥有内部类吗？

第6章 接口

接口是 Java 的独有特性，接口与抽象类都是抽象的手段。在团队开发中，面向接口编程使得分工合作成为现实，所以要尽可能多地使用接口，它是现代化编程的利器。

本章要点

- 接口的定义
- 接口的实现
- 面向接口编程
- 占位符

6.1 接口简介

一些其他的面向对象的编程语言可以实现多继承，但是 Java 是一门单继承的语言，因此引入了接口（Interface）的概念，接口可以看作一种特殊的抽象类。

6.2 定义接口

由于接口可以看作一种特殊的抽象类，所以接口的所有方法都是抽象方法。为了让代码更加简洁，无须使用 abstract 关键字修饰抽象方法，而是直接使用 interface 关键字定义一个接口。接口中也可以定义属性和方法。

① 接口中的属性默认使用 public、static、final 修饰，所以实际上常量往往都定义在此处。

② 接口中的方法默认使用 public、abstract 修饰。

示例代码如下。

```
interface Animal {
    public void work();
}
```

6.3 接口的继承

接口可以使用 extends 关键字继承另一个接口，也可以继承多个接口。其作用是子接口延续了父接口的抽象方法。

接口的格式如下。

```
[修饰词] interface 接口名 extends 父接口1，父接口2，....{
    //常量定义
    //抽象方法定义
}
```

在自然界中，动物Animal也归属于生物Biology，所以可让Animal接口继承Biology接口，示例代码如下。

```
// 代表生物
public interface Biology {
    void live();
}
// 代表动物
interface Animal extends Biology{
    abstract public void work();
}
```

6.4 接口的实现

接口的具体化、类化称之为接口的实现，使用implements关键字实现接口。如果一个类要实现一个接口，那么必须把这个类设置成抽象类，或者这个类必须实现接口中定义的所有抽象方法。

V6-1 接口的使用

示例代码如下。

```
class 类名 extends 父类名 implements 接口1，接口2，...{
    // ...
    // 成员变量
    // 成员方法
}
```

在自然界中，狗Dog属于动物Animal，Dog被设置成类后，要实现从父层传递下来的所有抽象方法，示例代码如下。

```
// 代表生物
public interface Biology {
    void live();
}
// 代表动物
interface Animal extends Biology{
    abstract public void work();
}
// 由于传递效应， Dog类要实现其父层的所有抽象方法
class Dog implements Animal{
    public void work() {
```

```
            System.out.println("Dog work()");
        }
        public void live() {
            System.out.println("Dog live()");
        }
    }
```

6.5 接口与抽象类

接口与抽象类的共同特点是它们都是抽象的，不能使用 new 关键字实例化获得接口与抽象类的对象。

接口是最为纯粹的抽象类。接口、类、抽象类在继承链上有如下规律。

① 接口可以继承一到多个父接口。

② 类可以实现一到多个接口，但类只能继承一个类。

③ 接口通常表示一种能力的拓展，而抽象类通常表示上层的框架。

6.6 面向接口编程

在现代化编程中适当地使用接口，这种编程风格就是面向接口编程，也称之为“面向抽象”的编程。

V6-2 接口表示一种能力

6.6.1 接口表示一种能力

现有如下需求：需要创造一个蜘蛛侠类。人有“唱歌”和“考试”的功能，蜘蛛有“爬行”和“吐丝”的功能。

对上述需求进行分析：蜘蛛侠属于人类，同时他有蜘蛛的某些能力。按照面向对象思想，可以将人和蜘蛛分别定义成抽象类，但是不能让蜘蛛侠在继承人的同时又继承蜘蛛，原因有以下两个。

① 蜘蛛侠并不是蜘蛛。

② Java 只支持单继承。

此时，需要使用接口解决上述问题。可以将蜘蛛的行为能力定义为接口，让蜘蛛侠继承人，并实现蜘蛛的行为能力的接口，示例代码如下。

```
public abstract class Person { // Person 抽象类
    public abstract void sing(); // 唱歌抽象方法
    public abstract void exam(); // 考试抽象方法
}
public interface ISpiderable { // 蜘蛛的行为能力接口
    public abstract void creep(); // 爬行抽象方法
    public abstract void shootWeb(); // 吐丝抽象方法
}

//继承人，实现蜘蛛的行为能力接口
```

```
public class SpiderMan extends Person implements ISpiderable {
    String name = "彼得·帕克";

    @Override
    public void creep() { // 实现爬行方法
        System.out.println(name + " 在屋顶上爬，在树枝上爬，在夕阳下的草地上爬…");
    }
    @Override
    public void shootWeb() { // 实现吐丝方法
        System.out.println(name + " 吐丝织网抓虫子");
    }
    @Override
    public void sing() { // 实现唱歌方法
        System.out.println(name + " 往事不要再提~人生已多风雨~~");
    }
    @Override
    public void exam() { // 实现考试方法
        System.out.println(name + " 上午考语文，下午考数学，明天考英语…");
    }
}
public class Test {
    public static void main(String[] args) {
        SpiderMan spiderman = new SpiderMan();
        spiderman.creep();
        spiderman.sing();
    }
}
```

运行结果如下。

```
彼得•帕克 在屋顶上爬，在树枝上爬，在夕阳下的草地上爬…
彼得•帕克 往事不要再提~人生已多风雨~~
```

若某一天傍晚蜘蛛侠在路边草丛中发现了雷神的大铁锤而获得了激发闪电的能力，则可将上述代码修改如下。

```
public interface ILightningable { // 闪电能力接口
    public abstract void lightning(); // 闪电抽象方法
}
//继承人，实现蜘蛛的行为能力接口，实现闪电能力接口
public class SpiderMan extends Person implements ISpiderable,ILightningable
{
```

```
        // 之前的 4 个方法这里省略
        @Override
        public void lightning() {
            System.out.println(name + " 来一波闪电~"); // 实现闪电方法
        }
    }
    public class Test {
        public static void main(String[] args) {
            SpiderMan spiderman = new SpiderMan();
            spiderman.creep();
            spiderman.sing();
            spiderman.lightning();
        }
    }
```

6.6.2 接口表示一种规定

接口中声明了抽象方法，接口的所有实现类都要实现这些抽象方法，所以接口是一种规定，规定表示后者必须遵循前者的要求。

V6-3 接口表示一种规定

通过一个例子进行说明：打印机的墨盒可能是彩色的，也可能是黑白的；其所用的纸张型号可以有多种类型，如 A4、B5 等，但墨盒和纸张都不是打印机厂商生产的产品。那么打印机厂商如何使自己生产的打印机与市场上售卖的墨盒、纸张型号相符合呢？

对上述需求进行分析：有效解决该问题的思路是制定墨盒与纸张的标准规定，然后打印机厂商根据规定生产符合要求的打印机。在使用的过程中，无论是厂商 A 还是厂商 B 提供的墨盒或纸张，只要墨盒或纸张符合统一的规定，打印机都可以打印。接口就是这样一种规定，示例代码如下。

```
public interface IInkBox { // 定义墨盒接口，规定墨盒的标准
    public String getColor(); // 返回墨盒的颜色
}
public interface IPaper { // 定义纸张接口，规定纸张的标准
    public String getSize();// 返回纸张的类型
}
public class Printer { // 定义打印机类，引用墨盒接口、纸张接口实现打印功能
    IInkBox inkbox = null;
    IPaper paper = null;
// 构造函数，以接口类型为形参实现多态
    public Printer(IInkBox inkbox, IPaper paper) {
        this.inkbox = inkbox;
        this.paper = paper;
```

```
        }
        public IInkBox getInkbox() {
            return inkbox;
        }
        public void setInkbox(IInkBox inkbox) {
            this.inkbox = inkbox;
        }
        public IPaper getPaper() {
            return paper;
        }
        public void setPaper(IPaper paper) {
            this.paper = paper;
        }
    // 实现打印功能
        public void printer() {
            System.out.println("使用" + inkbox.getColor() + "墨盒在" +
paper.getSize() + "纸张上打印。");
        }
    }

    public class ColorInkBox implements IInkBox {// 墨盒厂商按照墨盒接口实现彩色墨盒
        public String getColor() {
            return "彩色";
        }
    }
    // 墨盒厂商按照墨盒接口实现黑白墨盒
    public class GrayInkBox implements IInkBox {
        public String getColor() {
            return "黑白";
        }
    }
    // A4 纸类实现纸张接口
    public class A4Paper implements IPaper {
        public String getSize() {
            return "A4 纸";
        }
    }
    // B5 纸类实现纸张接口
    public class B5Paper implements IPaper{
```

```
        public String getSize() {
            return "B5 纸";
        }
    }
    public class Test { // 测试一下
        public static void main(String[] args) {
        // 接口 IInk 类型引用指向彩色墨盒 ColorInkBox 实现类的对象，多态
            IInkBox colorInk = new ColorInkBox();
            IInkBox grayInk = new GrayInkBox();
        // 接口 IPaper 类型引用指向 A4 纸 A4Paper 实现类的对象，多态
            IPaper a4Paper = new A4Paper();
            IPaper b5Paper = new B5Paper();
        // 创建 Printer 对象（组装打印机），彩色墨盒、A4 纸
            Printer printer1 = new Printer(colorInk, a4Paper);
        // 创建 Printer 对象（组装打印机），黑白墨盒、B5 纸
            Printer printer2 = new Printer(grayInk, b5Paper);
            printer1.printer();
            printer2.printer();
        }
    }
```

运行结果如下。

```
使用彩色墨盒在 A4 纸上打印。
使用黑白墨盒在 B5 纸上打印。
```

在上述代码中，Printer 类的成员变量使用的均是接口，只有在 Test 类运行的时候，才被赋予类实例。同时，此示例用到了多态的特性。

6.7 为什么要面向接口

使用接口有以下两方面的原因。

1. 使一个占位符可以有多种表现状态

代码在运行时就能发生多态，于是代码具有了通用性。

2. 使团队开发更加方便

当要被调用的具体功能当前还没有时间编写或要分配给其他人编写时，调用方的程序员可以先把接口写出来，使用接口变量占据位置，即“占位符”。

6.8 占位符

编写过程中的参数、返回值与成员变量实际上都只是占位符，占位符在运行时被替换成实际的实例。

所有的形参和变量都可以认为是占位符，而接口是最纯粹的占位符。

在运行时，Java 会根据当前对象“此时刻实际的类型”而不是“声明时的类型”去调用相应的方法。这也称之为“静态编译，运行时动态绑定”。通常情况下，当变量的声明类型是父类，而运行时实际指代的对象是子类对象时，通过此变量调用的会是子类覆盖的方法，这种现象就是多态。多态与继承、方法覆盖、类型转换密切相关。

多态的优点是代码复用、灵活性高、可扩展性高、方便程序员协作工作、代码耦合度低等。多态使用时，一般用于向上转型的情况。其常见写法如下。

1. 父类型作为方法参数

此时，一个方法可以传入多种子类型的参数，方法内部只需要对父类型进行编程。

2. 父类型作为方法的返回值

此时，调用方只需要得到父类型的对象，而不必知道具体是什么子类型的对象。注意，父类型可以是父类、父抽象类、父接口。

3. 父类型作为类的成员属性

此时，表示代码的组合与聚合。

小结

接口是 Java 为了使代码更加灵活，弥补“单继承”的缺陷而设计出的一种高级用法。同时，接口的引入避免了多继承引发的二义性问题，使 Java 代码更加可靠稳定。接口使用过程中需要注意的点也非常多，希望读者能够加强练习从而更好地理解接口的概念。

思考与练习

1. 用实际的例子来设计接口和抽象类的使用场景，并实现简单的代码。
2. 使用接口来验证匿名内部类，并使用多态进行参数的传递。

第 7 章 异　常

异常是程序中的一些错误，但并不是所有的错误都是异常，并且错误有时候是可以避免的。深入理解 Java 异常处理机制，能使代码更加健壮与优雅。

本章要点

- try...catch 语句的使用
- finally 的用法
- throw 和 throws 的用法
- 自定义异常的掌握

7.1 异常

异常是因编程错误或偶然的外在因素导致的在程序运行过程中所发生的非正常事件，它会中断指令的正常执行。

例如，如果代码中缺少一个分号，则运行结果将提示错误 java.lang.Error；如果运行 System.out.println(1/0)，因为用 0 做了除数，则会抛出 java.lang.ArithmeticException 的异常。

异常发生的类型有很多，通常包含以下四大类。

① 用户输入了非法数据。

② 要打开的文件不存在。

③ 网络通信时连接中断。

④ JVM 内存溢出。

这些现象都会导致程序无法正常运行，但是其背后的原因各不相同。

7.2 异常处理

异常处理机制包括以下 3 种类型。

1. 检查性异常（非运行时异常，编译时异常）

检查性异常是由用户错误或问题引起的异常，程序员无法预见这种异常，如打开一个不存在的文件。这种异常在编译时不能被忽略。

2. 运行时异常

运行时异常（RuntimeException）是可以被程序员避免的异常。与检查性异常相反，运行时异常可以在编译时被忽略。换言之，运行时异常是代码中的逻辑问题而不是语法问题导致的。

3. 错误

错误（Error）不是异常，而是脱离程序员控制的问题。错误在代码中通常不会体现，如虚拟机内部错误（VirtualMachineError），这个错误与程序员编写的代码无关。

7.2.1 try...catch 语句

如果程序在执行过程中出现异常，则会自动生成一个异常类对象，该异常对象将被提交给 Java 虚拟机，这个过程称为抛出（throw）异常。当 Java 虚拟机接收到异常对象后，会寻找能处理这一异常的代码并把当前异常对象交给其处理，这一过程称为捕获（catch）异常，使用 try 和 catch 关键字组合可以捕获异常。如果程序中没有可以捕获异常的代码，则程序运行将终止。

V7-1 捕获异常

try…catch 代码块中的代码称为保护代码，其格式如下。

```
try {
   // 程序代码
} catch (异常类型 异常的变量名){
   // catch 块
}
```

catch 语句包含要捕获异常类型的声明。当 try 代码块中发生异常时，try 后面的 catch 块就会被检查。如果发生的异常的类型在 catch 块中存在，则异常会被传递到该 catch 块中，这与传递一个参数到方法中是一样的。

下面的例子中声明了一个有两个元素的数组，当代码试图访问数组的第 3 个元素时就会抛出异常，示例代码如下。

```
public static void main(String args[]) {
    try {
        int a[] = new int[2];
        System.out.println("第三个元素: " + a[3]); // 抛出异常，进入 catch 代码块
        System.out.println("持续运行中..."); // 得不到执行机会
    } catch (ArrayIndexOutOfBoundsException e) { // 检查异常类型是否匹配
        System.out.println("捕获异常 :" + e); // 异常类型匹配
    }
    System.out.println("Out of the block");
}
```

运行结果如下。

```
捕获异常 :java.lang.ArrayIndexOutOfBoundsException: 3
Out of the block
```

若 try 代码块中出现多种类型的异常，则显然一个 catch 代码块无法满足此情况，因此要使用多重捕获。一个 try 代码块后面跟随多个 catch 代码块的情况叫作多重捕获。多重捕获的格式如下。

```
try {
  // 程序代码
} catch (异常类型 1 异常的变量名 1){
  // 程序代码
} catch (异常类型 2 异常的变量名 2){
  // 程序代码
} catch (异常类型 3 异常的变量名 3){
  // 程序代码
}
```

上述格式中包含了 3 个 catch 代码块，根据实际需求，try 语句后面可以添加任意数量的 catch 代码块。多重捕获的处理逻辑如下：如果 try 代码块中发生异常，则异常对象会先被抛给第一个 catch 块；如果抛出异常的类型与 ExceptionType1 匹配，则其在此时会被捕获，从而进入第一个 catch 的代码块执行；如果不匹配，则异常对象会被传递给第二个 catch 块并进行类型匹配，直到异常被捕获；如果所有的 catch 代码块都没有匹配成功，则程序运行仍然终止，try...catch 代码块失效。

值得注意的是，在多重捕获的 catch 代码块中，父类异常类型的判断一定要在子类异常的判断之后。

多重捕获的示例代码如下。

```
public static void main(String args[]) {
    try {
        System.out.println(1 / 0);
    } catch (NullPointerException e) {
        System.out.println("空指针异常");
    } catch (ArithmeticException e) {
        System.out.println("数学计算异常");
    } catch (Exception e) { // Exception 不能放在前面先判断，否则编译无法通过
        System.out.println("其他类型异常");
    }
}
```

运行结果如下。

```
数学计算异常
```

7.2.2 finally 子句的用法

finally 关键字用来修饰在 try 代码块后面执行的代码块。无论是否发生异常，finally 代码块中的代码都会被执行。

在 finally 代码块中可以运行具有收尾善后性质的语句，格式如下。

```
try {
  // 程序代码
```

```
} catch (异常类型 1 异常的变量名 1){
  // 程序代码
} catch (异常类型 2 异常的变量名 2){
  // 程序代码
} finally {
  // 程序代码
}
```

示例代码如下。

```
public static void main(String args[]) {
    int a[] = new int[2];
    try {
        System.out.println("Access element three :" + a[3]);
    } catch (ArrayIndexOutOfBoundsException e) {
        System.out.println("Exception thrown  :" + e);
    } finally { // 无条件执行
        a[0] = 6;
        System.out.println("First element value: " + a[0]);
        System.out.println("The finally statement is executed");
    }
}
```

运行结果如下。

```
Exception thrown    :java.lang.ArrayIndexOutOfBoundsException: 3
First element value: 6
The finally statement is executed
```

7.2.3 使用 throws 关键字抛出异常

如果一个方法中可能会出现异常，且异常出现时不想在此方法内部进行捕获，那么可以将此异常抛出到该方法的调用位置，即向上抛出异常。使用时只需要在方法后增加“throws 要抛出的异常类型”语句即可，示例代码如下。

```
public class ExcepTest {
// 此方法抛出异常
public void method() throws NullPointerException {
    String s = null;
    // 下面的代码会抛出异常，并被 method 方法继续向上层抛出
    System.out.println("字符串的长度是: " + s.length());
}

public static void main(String args[]) {
    ExcepTest t = new ExcepTest();
```

```
        try {
            t.method(); // 异常被抛出到此处
        } catch (NullPointerException e) {
            System.out.println("在主方法中捕获异常: " + e);
        }
    }
}
```

运行结果如下。

```
在主方法中捕获异常：java.lang.NullPointerException
```

V7-2 抛出异常

7.2.4 使用 throw 关键字

为了使代码更加规范以便于协同工作效率的提升，可以在代码中手动使用 throw 关键字抛出一个异常对象。手动抛出的异常对象与 Java 虚拟机自动抛出的异常对象相同，示例代码如下。

```
public class ExcepTest {
public void method() throws NullPointerException {
    String s = null;
    if(s == null)
        // 手动抛出一个空指针异常对象
        throw new NullPointerException("String 空指针了！");
}

public static void main(String args[]) {
    ExcepTest t = new ExcepTest();
    try {
        t.method();
    } catch (NullPointerException e) {
        System.out.println("在主方法中捕获异常: " + e);
    }
}
}
```

7.2.5 使用异常处理语句的注意事项

异常处理语句并不是随意使用的，在使用的过程中有一些事项需要读者引起注意。

① try 和 catch 代码块必须同时使用。

② finally 代码块并非强制性要求。

③ try…catch…finally 代码块之间不能添加其他代码。

④ 子类中覆盖方法不能比父类被覆盖方法抛出更多的异常。

⑤ 虽然异常处理的代码块可以嵌套，但是并不建议使用嵌套。

⑥ 对于运行时出现的异常，建议从代码根源逻辑处解决问题，而不是直接使用 try…catch 代码块。

⑦ 如果上层代码没有异常处理机制，那么要在异常抛出的位置直接捕获异常并处理。

7.3 异常类

Java 在 java.lang 包中定义了一些标准异常类，其继承关系如图 7-1 所示。

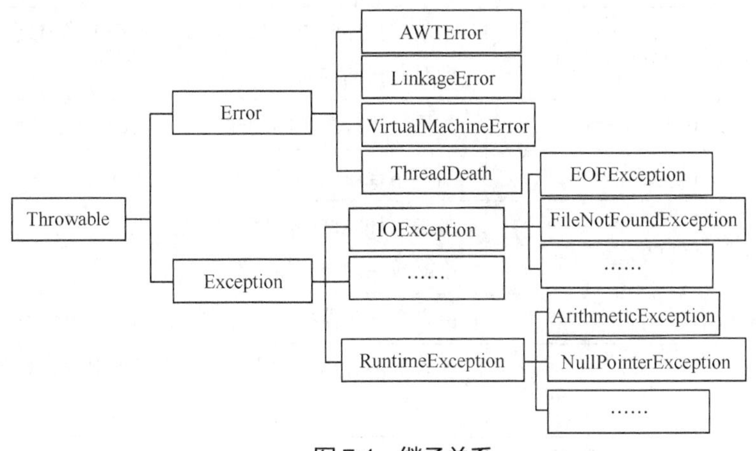

图 7-1 继承关系

所有异常类和错误类的根源类都是 Throwable 类，其子类 Error 表示错误类，程序员无法在程序中处理这些类型的错误。Throwable 的另一个子类是 Exception，这是异常的根源父类。Exception 类的直接或间接子类非常多，其中运行时异常类的子类是最常见的异常类。由于 java.lang 包是默认加载到所有的 Java 程序中的，所以大部分从运行时异常类继承而来的异常都可以直接使用。

各种运行时异常类型的详细信息见表 7-1。

表 7-1 各种运行时异常类型的详细信息

异　常	描　述
ArithmeticException	当出现异常的运算条件时，抛出此异常。例如，一个整数“除以零”时，抛出此类的一个实例
ArrayIndexOutOfBoundsException	用非法索引访问数组时抛出的异常。如果索引为负或大于等于数组大小，则该索引为非法索引
ArrayStoreException	试图将错误类型的对象存储到一个对象数组时抛出的异常
ClassCastException	当试图将对象强制转换为不是实例的子类时抛出的异常
IllegalArgumentException	抛出的异常表明向方法传递了一个不合法或不正确的参数
IllegalMonitorStateException	抛出的异常表明某一线程已经试图等待对象的监视器，或者试图通知其他正在等待对象的监视器而本身没有指定监视器的线程

续表

异　常	描　述
IllegalStateException	在非法或不适当的时间调用方法时产生的信号。换句话说，即 Java 环境或 Java 应用程序没有处于请求操作所要求的适当状态下
IllegalThreadStateException	线程没有处于请求操作所要求的适当状态时抛出的异常
IndexOutOfBoundsException	指示某排序索引（如对数组、字符串或向量的排序）超出范围时抛出的异常
NegativeArraySizeException	如果应用程序试图创建大小为负的数组，则抛出该异常
NullPointerException	当应用程序试图在需要对象的地方使用 null 时，抛出该异常
NumberFormatException	当应用程序试图将字符串转换成一种数值类型，但该字符串不能转换为适当格式时，抛出该异常
SecurityException	由安全管理器抛出的异常，指示安全策略不允许的操作
StringIndexOutOfBoundsException	此异常由 String 方法抛出，指示索引或者为负，或者超出字符串的大小
UnsupportedOperationException	当不支持请求的操作时，抛出该异常

各种检查性异常类型的详细信息见表 7-2。

表 7-2　各种检查性异常类型的详细信息

异　常	描　述
ClassNotFoundException	应用程序试图加载类，而找不到相应的类时，抛出该异常
CloneNotSupportedException	当调用 Object 类中的 clone 方法克隆对象，但该对象的类无法实现 Cloneable 接口时，抛出该异常
IllegalAccessException	拒绝访问一个类的时候，抛出该异常
InstantiationException	当试图使用 Class 类中的 newInstance 方法创建一个类的实例，而指定的类对象因为是一个接口或是一个抽象类而无法实例化时，抛出该异常
InterruptedException	当一个线程被另一个线程中断时，抛出该异常
NoSuchFieldException	请求的变量不存在
NoSuchMethodException	请求的方法不存在

7.3.1　Error 类

Error 类一般是指与虚拟机相关的问题，如系统崩溃、虚拟机错误、内存空间不足、方法调用栈溢出等，如 java.lang.StackOverFlowError 与 java.lang.OutOfMemoryError 等，对此编译器在编译时并不检查。Error 导致的应用程序中断仅靠程序本身无法恢复与预防。

Error 类继承于 Throwable 类，同时拥有若干子类。

7.3.2 Exception 类

Exception 类表示程序可以处理的异常，这种异常可以被捕获且程序可能恢复。遇到这类异常时应尽可能处理异常，从而使程序恢复运行。

Exception 类在继承于 Throwable 类的同时拥有若干子类。Exception 类的直接子类又分为运行时异常和受检查异常。

运行时异常表示编译器不去检查该类异常。也就是说，当程序抛出这类异常时，即使没有用 try...catch 代码块捕获异常，也没有用 throws 抛出异常，程序还是会编译通过，如除数为零、错误的类型转换、数组越界访问与试图访问空指针等。如果出现运行时异常，那么一定是程序员代码编写错误导致的。

受检查异常表示编译器会检查该类异常。也就是说，当程序抛出这类异常时，如果没有用 try...catch 代码块捕获异常，也没有用 throws 抛出异常，则程序不会编译通过，如 IOException 等。这类异常一般是由于外部因素导致的，如文件找不到、试图从文件尾后读取数据等。

7.4 自定义异常

Java 中允许用户自定义异常，编写自定义异常类时需要注意以下几点。

V7-3 自定义异常

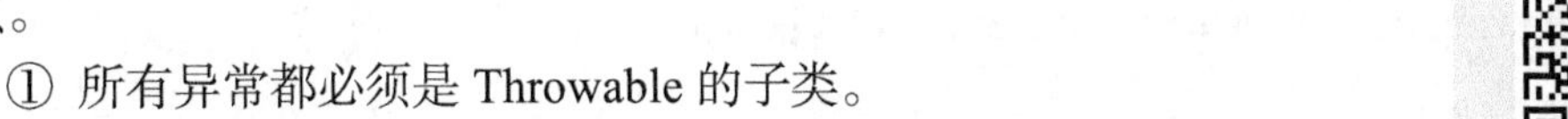

① 所有异常都必须是 Throwable 的子类。

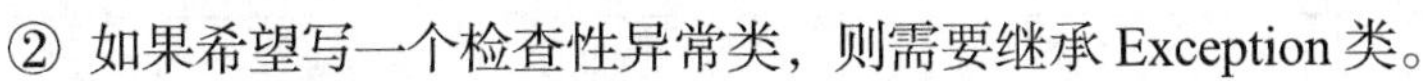

② 如果希望写一个检查性异常类，则需要继承 Exception 类。

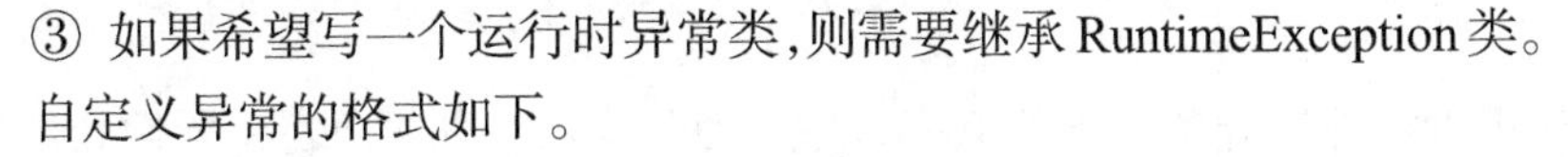

③ 如果希望写一个运行时异常类，则需要继承 RuntimeException 类。

自定义异常的格式如下。

```
class MyException extends Exception{
    //程序代码
}
```

自定义异常示例代码如下。

```
// 自定义异常类
public class MyException extends Exception {
    /**
     * 通过 IDE 可以自动生成一个唯一的 UID，用于验证版本
     */
    private static final long serialVersionUID = -1018763820735613412L;
    // 自定义异常信息
    private static final String MSG = "错误是由...导致的";

    @Override
```

```
    public String toString() {
        return MSG;
    }
}
```

在另一个类中测试上述自定义异常代码。

```
public class ExcepTest {
    public static void main(String args[]) {
        try {
            // 这里为了举例，自抛自捕异常
            throw new MyException();
        } catch (MyException e) {
            // 输出原始错误信息
            e.printStackTrace();
        }
        System.out.println("--end--");
    }
}
```

运行结果如下。

```
错误是由...导致的
at com.jason.test.ExcepTest.main(ExcepTest.java:7)
--end--
```

小结

再完美的程序也无法保证异常出现的概率是零，因此，对于程序而言，异常处理是非常重要的一部分内容。

异常处理本身并不能完成特定的功能，但是它可以使代码变得更加健壮与优雅。异常处理不能盲目地使用，精准不冗余是其使用的原则。

思考与练习

1. 在代码中使用过多的异常会引发什么样的后果？
2. 一个方法可以同时抛出多种类型的异常吗？
3. 既然从代码层次可以避免运行时异常，那么为什么还会捕获运行时异常？

第8章 常 用 类

本章主要讲解一些 Java 中的常见工具类。其中包含字符串相关处理类、时间相关工具类、键盘输入工具类与数学计算工具类。当然，Java 中的工具类远不止于此，对于其他工具类的使用，读者可以自行查阅相关文献。

本章要点

- String 常用方法的使用
- 时间格式化的灵活运用
- Math 函数中常用方法的使用
- String 和 StringBuffer 的区别

8.1 String 类

字符串广泛应用在 Java 编程中，Java 提供了 String 类来创建和操作字符串。

V8-1 String 类的使用

8.1.1 创建字符串

最简单的创建字符串的方式如下。

```
String greeting = "Hello world!";
```

String 类和其他类一样，也可以使用关键字 new 加构造方法来创建 String 类对象。String 类有 10 余种构造方法，这些方法提供不同的参数来初始化字符串，如提供一个字符数组参数的示例代码如下。

```
public class StringDemo{
    public static void main(String args[]){
        char[] helloArray = { 'h', 'e', 'l', 'l', 'o', '.'};
        String helloString = new String(helloArray);
        System.out.println( helloString );
    }
}
```

运行结果如下。

```
hello.
```

8.1.2 连接字符串

String 类提供了两种连接字符串的方法。

1. public String concat(String str)方法

这种方法在调用的 String 对象后面连接输入参数 str，返回一个新的 String 对象。示例代码如下。

```
public static void main(String args[]) {
    String s1 = "太阳当空照";
    String s2 = s1.concat("花儿对我笑");
    System.out.println(s2);
}
```

运行结果如下。

```
太阳当空照花儿对我笑
```

2. 字符串连接符“+”

这种方法使用字符串连接符“+”来连接前后的字符串对象，这种方法更为常用。示例代码如下。

```
public static void main(String args[]) {
    String s1 = "太阳当空照";
    String s2 = s1 + "花儿对我笑";
    System.out.println(s2);
}
```

运行结果如下。

```
太阳当空照花儿对我笑
```

8.1.3 字符串操作

表 8-1 为 String 类的常用方法，更多方法请参阅 Java API 文档。

表 8-1 String 类的常用方法

方 法	描 述
char charAt(int index)	返回指定索引处的 char 值
int compareTo(Object o)	将这个字符串与另一个对象进行比较
int compareTo(String anotherString)	按字典顺序比较两个字符串
int compareToIgnoreCase(String str)	按字典顺序比较两个字符串，不考虑英文字母大小写
String concat(String str)	将指定字符串连接到此字符串的结尾
boolean contentEquals(StringBuffer sb)	当且仅当字符串与指定的 StringButter 有相同顺序的字符时返回真
static String copyValueOf(char[] data)	返回指定数组中表示该字符序列的 String

续表

方　法	描　述
static String copyValueOf(char[] data, int offset, int count)	返回指定数组中表示该字符序列的 String
boolean endsWith(String suffix)	测试此字符串是否以指定的后缀结束
boolean equals(Object anObject)	将此字符串与指定的对象进行比较
boolean equalsIgnoreCase(String anotherString)	将此 String 与另一个 String 进行比较，不考虑英文字母大小写
byte[] getBytes()	使用平台的默认字符集将此 String 编码为 byte 序列，并将结果存储到一个新的 byte 数组中
byte[] getBytes(String charsetName)	使用指定的字符集将此 String 编码为 byte 序列，并将结果存储到一个新的 byte 数组中
void getChars(int srcBegin, int srcEnd, char[] dst, int dstBegin)	将字符从此字符串复制到目标字符数组中
int hashCode()	返回此字符串的哈希码
int indexOf(int ch)	返回指定字符在此字符串中第一次出现处的索引
int indexOf(int ch, int fromIndex)	返回在此字符串中第一次出现指定字符处的索引，从指定的索引开始搜索
int indexOf(String str)	返回指定子字符串在此字符串中第一次出现处的索引
int indexOf(String str, int fromIndex)	返回指定子字符串在此字符串中第一次出现处的索引，从指定的索引开始
String intern()	返回字符串对象的规范化表示形式
int lastIndexOf(int ch)	返回指定字符在此字符串中最后一次出现处的索引
int lastIndexOf(int ch, int fromIndex)	返回指定字符在此字符串中最后一次出现处的索引，从指定的索引处开始进行反向搜索
int lastIndexOf(String str)	返回指定子字符串在此字符串中最右边出现处的索引
int lastIndexOf(String str, int fromIndex)	返回指定子字符串在此字符串中最后一次出现处的索引，从指定的索引开始反向搜索
int length()	返回此字符串的长度
boolean matches(String regex)	告知此字符串是否匹配给定的正则表达式
boolean regionMatches(boolean ignoreCase, int toffset, String other, int ooffset, int len)	测试两个字符串区域是否相等
boolean regionMatches(int toffset, String other, int ooffset, int len)	测试两个字符串区域是否相等，此方法是重载的方法，参数相对较少
String replace(char oldChar, char newChar)	返回一个新的字符串，它是通过用 newChar 替换此字符串中出现的所有 oldChar 得到的

续表

方　法	描　述
String replaceAll(String regex, String replacement)	使用给定的 replacement 替换此字符串所有匹配给定的正则表达式的子字符串
String replaceFirst(String regex, String replacement)	使用给定的 replacement 替换此字符串匹配给定的正则表达式的第一个子字符串
String[] split(String regex)	根据给定正则表达式的匹配拆分此字符串
String[] split(String regex, int limit)	根据匹配给定的正则表达式拆分此字符串
boolean startsWith(String prefix)	测试此字符串是否以指定的前缀开始
boolean startsWith(String prefix, int toffset)	测试此字符串从指定索引开始的子字符串是否以指定的前缀开始
CharSequence subSequence(int beginIndex, int endIndex)	返回一个新的字符序列，它是此序列的一个子序列
String substring(int beginIndex)	返回一个新的字符串，它是此字符串的一个子字符串
String substring(int beginIndex, int endIndex)	返回一个新字符串，它是此字符串的一个子字符串
char[] toCharArray()	将此字符串转换为一个新的字符数组
String toLowerCase()	使用默认语言环境的规则将此 String 中的所有字符都转换为小写字母
String toLowerCase(Locale locale)	使用给定 Locale 的规则将此 String 中的所有字符都转换为小写字母
String toString()	返回此对象本身的字符串内容
String toUpperCase()	使用默认语言环境的规则将此 String 中的所有字符都转换为大写字母
String toUpperCase(Locale locale)	使用给定 Locale 的规则将此 String 中的所有字符都转换为大写字母
String trim()	返回字符串的副本，去掉头部与尾部的空白
static String valueOf(primitive data type x)	返回给定 data type 类型 x 参数的字符串表示形式

8.1.4　格式化字符串

String 类使用静态方法 format 返回一个 String 对象，创建的是可复用的格式化字符串，而不仅仅用于一次输出。

示例代码如下。

```
public static void main(String args[]) {
    float floatVar = 3.14f;
```

```
        int intVar = 123;
        String stringVar = "Jason";

        String fs = String.format("浮点型变量的值为 " + "%f, 整型变量的值为 " + " %d,
字符串变量的值为 " + " %s",floatVar, intVar, stringVar);
        System.out.printf(fs);
    }
```

8.2 日期的格式化

在项目开发的过程中可能会用到各种格式的日期与时间。本节的内容将围绕日期与时间的格式处理展开，这在实际的代码编写中十分重要。

V8-2 日期与时间

8.2.1 Date 类

java.util 包中提供了 Date 类来封装当前的日期和时间，可以使用 Date 对象的 toString 方法来输出当前的日期和时间，示例代码如下。

```
// 使用 Date 类必须要导包!!!
import java.util.Date;

public class Test {
    public static void main(String args[]) {
        // 初始化 Date 对象
        Date date = new Date();
        // 使用 toString() 函数显示日期和时间
        System.out.println(date.toString());
    }
}
```

运行结果如下。

```
Sun Sep 29 09:26:23 CST 2019
```

8.2.2 格式化日期和时间

SimpleDateFormat 是一个用于格式化和分析日期及时间的类，允许使用任何用户自定义日期和时间格式运行，示例代码如下。

```
//注意导包
import java.text.SimpleDateFormat;
import java.util.Date;

public class Test {
    public static void main(String args[]) {
```

```
            Date dNow = new Date();
            // 时间和日期格式化类
            SimpleDateFormat ft = new SimpleDateFormat("E yyyy.MM.dd 'at'
hh:mm:ss a zzz");
            System.out.println("Current Date: " + ft.format(dNow));
        }
    }
```

运行结果如下。

```
Current Date: 星期日 2019.09.29 at 10:49:47 上午 CST
```

时间模式字符串用来指定时间格式，在此模式中，所有的 ASCII 字母保留为模式字母，见表 8-2。

表 8-2 格式化编码表

字　母	描　述	示　例
G	纪元标记	AD
y	四位年份	2001
M	月份	July or 07
d	一个月的日期	10
h	A.M./P.M. (1～12)格式小时	12
H	一天中的小时 (0～23)	22
m	分钟数	30
s	秒数	55
S	微秒数	234
E	星期几	Tuesday
D	一年中的日子	360
F	一个月中第几周的周几	2 (second Wed. in July)
w	一年中第几周	40
W	一个月中第几周	1
a	A.M./P.M. 标记	PM
k	一天中的小时(1～24)	24
K	A.M./P.M. (0～11)格式小时	10
z	时区	Eastern Standard Time
'	文字定界符	Delimiter
"	单引号	

8.3 Scanner 类

V8-3 Scanner 类的使用

java.util.Scanner 主要用于录入用户键盘输入的内容，示例代码如下。

```
import java.util.Scanner;

public class Test {
    public static void main(String[] args) {
        // 实例化
        Scanner scan = new Scanner(System.in);
        // 以 next 方式接收字符串
        System.out.println("next 方式接收：");
        // 判断是否还有输入数据
        if (scan.hasNext()) {
            String str1 = scan.next();
            System.out.println("输入的数据为：" + str1);
        }
        // 关闭
        scan.close();
    }
}
```

上述代码用于实现最简单的数据输入功能。可通过 Scanner 类的 next 与 nextLine 方法获取输入的字符串，在读取前使用 hasNext 与 hasNextLine 判断是否还有输入数据。

运行结果如下。

```
next 方式接收：
999 666
输入的数据为：999
```

接下来使用 nextLine 方法，示例代码如下。

```
import java.util.Scanner;

public class Test {
    public static void main(String[] args) {
        // 实例化
        Scanner scan = new Scanner(System.in);
        // 以 next 方式接收字符串
        System.out.println("next 方式接收：");
        // 判断是否还有输入数据
        if (scan.hasNextLine()) {
            String str1 = scan.nextLine();
```

```
                System.out.println("输入的数据为：" + str1);
            }
            // 关闭
            scan.close();
        }
}
```

运行结果如下。

```
next 方式接收：
999 666
输入的数据为：999 666
```

next 方法的特点如下。

① 一定要读取到有效字符后才可以结束输入。

② 对于输入有效字符之前遇到的空格，next 方法会自动将其去掉。

③ 只有输入有效字符后才能将其后面输入的空格当作分隔符或者结束符。

④ next 不能得到带有空格的字符串。

nextLine 方法的特点如下。

① 返回的是输入回车符之前的所有字符。

② 可以获得空格。

如果要输入 int 或 float 类型的数据，则 Scanner 类也支持，但是在输入之前最好先使用 hasNextXxx 方法进行验证，再使用 nextXxx 进行读取，示例代码如下。

```
import java.util.Scanner;
public class ScannerDemo {
    public static void main(String[] args) {
        Scanner scan = new Scanner(System.in);
        // 从键盘接收数据
        int i = 0 ;
        float f = 0.0f ;
        System.out.print("输入整数：");
        if(scan.hasNextInt()){
             // 判断输入的是否为整数
            i = scan.nextInt() ;
             // 接收整数
            System.out.println("整数数据：" + i) ;
        }else{
             // 输入错误的信息
            System.out.println("输入的不是整数！") ;
        }
        System.out.print("输入小数：");
        if(scan.hasNextFloat()){
```

```
                // 判断输入的是否为小数
            f = scan.nextFloat() ;
                // 接收小数
            System.out.println("小数数据: " + f) ;
        }else{
                // 输入错误的信息
            System.out.println("输入的不是小数! ") ;
        }
    }
}
```

运行结果如下。

```
输入整数：12
整数数据：12
输入小数：1.2
小数数据：1.2
```

8.4 Math 类和 Random 类

Java 的 Math 类封装了很多与数学有关的属性和方法，本书仅演示 Math 类的部分功能，更多内容请读者自行查阅官方 API 文档。

示例代码如下。

```
/**
 * Math.sqrt()// 计算平方根
 * Math.cbrt()// 计算立方根
 * Math.pow(a, b)// 计算 a 的 b 次方
 * Math.max( , );// 计算最大值
 * Math.min( , );// 计算最小值
 */
System.out.println(Math.sqrt(16)); // 4.0
System.out.println(Math.cbrt(8)); // 2.0
System.out.println(Math.pow(3, 2)); // 9.0
System.out.println(Math.max(2.3, 4.5));// 4.5
System.out.println(Math.min(2.3, 4.5));// 2.3

/**
 * abs 用于求绝对值
 */
System.out.println(Math.abs(-10.4)); // 10.4
System.out.println(Math.abs(10.1)); // 10.1
```

```
/**
 * ceil 是天花板的意思，即返回大的值
 */
System.out.println(Math.ceil(-10.1)); // -10.0
System.out.println(Math.ceil(10.7)); // 11.0
System.out.println(Math.ceil(-0.7)); // -0.0
System.out.println(Math.ceil(0.0)); // 0.0
System.out.println(Math.ceil(-0.0)); // -0.0
System.out.println(Math.ceil(-1.7)); // -1.0

/**
 * floor 是地板的意思，即返回小的值
 */
System.out.println(Math.floor(-10.1)); // -11.0
System.out.println(Math.floor(10.7)); // 10.0
System.out.println(Math.floor(-0.7)); // -1.0
System.out.println(Math.floor(0.0)); // 0.0
System.out.println(Math.floor(-0.0)); // -0.0

/**
 * random 用于取得一个大于或者等于 0.0 且小于 1.0 的随机数
 */
System.out.println(Math.random()); // 大于等于 0 且小于 1 的 double 类型的数
System.out.println(Math.random() * 2);// 大于等于 0 且小于 2 的 double 类型的数
System.out.println(Math.random() * 2 + 1);// 大于等于 1 且小于 3 的 double 类型的数

/**
 * rint 用于四舍五入，返回 double 值。注意，数字的小数部分有 0.5 的时候会取偶数
 */
System.out.println(Math.rint(10.1)); // 10.0
System.out.println(Math.rint(10.7)); // 11.0
System.out.println(Math.rint(11.5)); // 12.0
System.out.println(Math.rint(10.5)); // 10.0
System.out.println(Math.rint(10.51)); // 11.0
System.out.println(Math.rint(-10.5)); // -10.0
System.out.println(Math.rint(-11.5)); // -12.0
System.out.println(Math.rint(-10.51)); // -11.0
```

```
System.out.println(Math.rint(-10.6)); // -11.0
System.out.println(Math.rint(-10.2)); // -10.0

/**
 * round用于四舍五入，float时返回int值，double时返回long值
 */
System.out.println(Math.round(10.1)); // 10
System.out.println(Math.round(10.7)); // 11
System.out.println(Math.round(10.5)); // 11
System.out.println(Math.round(10.51)); // 11
System.out.println(Math.round(-10.5)); // -10
System.out.println(Math.round(-10.51)); // -11
System.out.println(Math.round(-10.6)); // -11
System.out.println(Math.round(-10.2)); // -10
```

需要注意的是，不能创建 Math 类对象（构造方法私有化）且 Math 类的方法都是静态方法。

Random 类主要用于获得各种随机值，示例代码如下。

```
// 注意导包
import java.util.Random;

public class Test {
    public static void main(String[] args) {
        // 实例化
        Random random = new Random();
        // 得到随机的boolean值
        boolean r1 = random.nextBoolean();
        // 得到随机整数
        int r2 = random.nextInt();
        // 得到区间为[0,10)的随机整数
        int r3 = random.nextInt(10);
    }
}
```

8.5 Formatter 类

NumberFormat 类提供了一些解析格式化与解析数字的接口，同时提供了一些根据固定地区数字格式化的相关方法。NumberFormat 类的 get×××Instance 方法可以返回格式化程序对象的实例。其中，×××可以被数字、货币、整数与百分比替换，或只是使用无参方法 getInstance。如果使用无参方法，则会返回一个默认语言环境的格式化对象。

```
// 注意导包
import java.text.NumberFormat;

public class Test {
     public static void main(String[] args) {
          NumberFormat formatter;
          formatter = NumberFormat.getInstance();
          System.out.println(formatter.format(12312.123123));
     }
}
```

运行结果如下。

```
12,312.123
```

8.6 StringBuffer 类

当对字符串频繁修改的时候，需要使用 StringBuffer 或 StringBuilder 类。与 String 类不同的是，StringBuffer 和 StringBuilder 类的对象能够多次修改并且不产生新的未使用对象。

V8-4 StringBuffer 类的使用

StringBuilder 与 StringBuffer 的最大不同在于 StringBuilder 的方法不是线程安全的。由于 StringBuilder 相较于 StringBuffer 有速度优势，所以大多数情况下建议使用 StringBuilder 类。然而，在应用程序要求线程安全的情况下，必须使用 StringBuffer 类。关于线程的内容请参阅本书第 11 章。

8.6.1 StringBuffer 对象的创建

StringBuffer 对象代表一组可改变的 Unicode 字符序列，StringBuffer 有多个重载的构造方法。

1. StringBuffer()

此方法用于创建一个空的字符缓冲，长度为 16 个字符容量。

2. StringBuffer(int capacity)

此方法用于以指定的初始容量创建一个空的字符缓冲。

3. StringBuffer(String initString)

此方法用于创建包含 initString 的字符缓冲，并加上 16 个字符的备用空间。

示例代码如下。

```
public class Test {
     public static void main(String[] args) {
          StringBuffer sb1 = new StringBuffer();
          StringBuffer sb2 = new StringBuffer(10);
```

```
        StringBuffer sb3 = new StringBuffer("Jason");
        System.out.println(sb1);
        System.out.println(sb2);
        System.out.println(sb3);
    }
}
```

运行结果如下。

```


Jason
```

8.6.2 StringBuffer 类的常用方法

StringBuffer 类的常用方法见表 8-3。

表 8-3 StringBuffer 类的常用方法

方 法	描 述
public StringBuffer append(String s)	将指定的字符串追加到此字符序列中
public StringBuffer reverse()	将此字符序列以其反转形式取代
public delete(int start, int end)	移除此序列的子字符串中的字符
public insert(int offset, int i)	将 int 参数的字符串表示形式插入此序列
replace(int start, int end, String str)	使用给定 String 中的字符替换此序列的子字符串中的字符

示例代码如下。

```
public static void main(String[] args) {
    StringBuffer sb1 = new StringBuffer();
    sb1.append("Jason");// 向后追加字符串
    sb1.reverse(); // 反转
    sb1.delete(1, 3); // 删除第二个和第三个字符
    sb1.replace(0, 2, "zzz"); // 将第一个到第二个字符替换为"zzz"
    System.out.println(sb1);
}
```

运行结果如下。

```
zzzJ
```

小结

本章针对 Java 中常用的工具类进行了介绍，实际开发中可能会遇到更多的类和方法，在掌握本章的知识后，读者应学会自行查阅相关 API，这在开发和学习的过程中是十分重要的。

思考与练习

1．通过代码验证 String、StringBuffer 和 StringBuilder 之间的性能差距。

2．举例说明实际开发中 Random 类的应用场景。

第9章 集合框架

集合框架是 Java 中预设的用于处理大量数据的数据结构。集合框架的设计满足以下几个目标。

① 该框架必须是高性能的。

② 该框架允许不同类型的集合，以类似的方式工作，具有高度的互操作性。

③ 对一个集合的扩展与适应必须是简单的。

本章要点

- List 接口实现类的用法
- Map 接口实现类的用法
- Set 接口实现类的用法

9.1 Java 集合框架

Java 的早期版本就提供了特设类来存储与操作对象组，如 Dictionary 类、Vector 类、Stack 类与 Properties 类等。尽管这些类在开发中都非常实用，但是它们缺少一个核心的、统一的框架。统一框架要求实现类（框架类的子类）的使用方式类似，但是使用 Vector 类的方式与使用 Properties 类的方式有很大不同。

在后续版本中，Java 完善了其集合框架，集合框架是特定数据结构的类别与界面的集合，包含一系列实际操作可重复使用的集合。虽然称为“框架”，但是其使用方式像函式库。

集合框架的设计满足以下几个目标。

① 框架必须是高性能的。基本集合（动态数组、链表、树、哈希表）的实现必须是高效的。

② 具有高度互操作性。通常称 Java 集合框架的一些类为集合，该框架允许不同类型的集合以类似的方式工作。

③ 对一个集合的扩展与适应必须是简单的。每个集合框架围绕一组标准接口进行设计。可以直接使用这些接口的标准来实现集合框架，如 LinkedList、HashSet 与 TreeSet 类等。此外，可以通过这些接口实现用户自定义的集合。

集合框架是一个用来代表并操纵集合的统一架构，应包含以下内容。

① 接口：代表集合的抽象数据类型。接口允许集合独立操作接口实现类所代表的细节。在面向对象的语言中，接口的整个继承（实现）通常形成一个树状层次。

② 实现（类）：集合接口的具体实现。从本质上讲，它们是可重复使用的数据结构。

实现类中的方法通常执行一些有用的计算，如搜索与排序。这些算法以多态的方式实现，因为相同的方法可以在相似的接口上有着不同的实现方式。

集合框架中除了 Collection 接口与实现类之外，也定义了几个 Map 接口与实现类。Map 中存储的是键值对。尽管 Map 不是 Collection 接口，但是完全整合在集合框架中。集合框架层次图如图 9-1 所示。

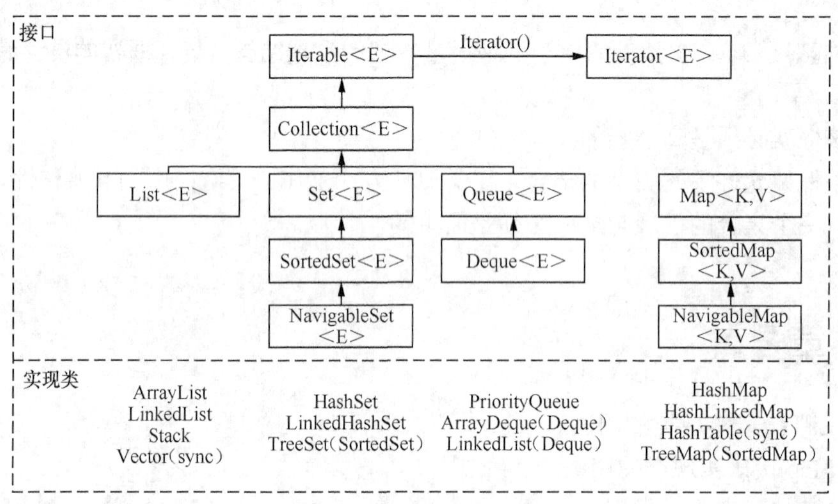

图 9-1　集合框架层次图

9.1.1　集合中的主要接口

集合中定义了一些接口，见表 9-1。

表 9-1　集合中定义的接口

接口名称	描　述
Collection	Collection 是最基本的集合接口，一个 Collection 接口代表一组 Object，即 Collection 的元素。Java 不提供直接继承自 Collection 的类，只提供继承于 Collection 的子接口（如 List 与 Set）
List	List 接口是一个有序的 Collection，使用此接口能够精确地控制每个元素插入的位置，能够通过索引（元素在 List 中的位置类似于数组的下标）来访问 List 中的元素，第一个元素的索引为 0，List 中允许有相同的元素
Map	将唯一的键映射到值
Set	Set 具有与 Collection 完全相同的接口，二者仅行为不同。Set 不保存重复的元素

9.1.2　Collection 接口的实现类

Java 提供了一套实现 Collection 接口的标准集合类。其中一些是具体类，这些类可以直接使用；而另外一些是抽象类，其提供了接口的部分实现，见表 9-2。值得注意的是，集合类的使用需要将对应包导入。

表 9-2 Collection 接口的实现类

类	描述
LinkedList	对一个集合的扩展与适应必须是简单的，因此整个集合框架围绕一组标准接口而设计。可以直接使用这些接口的标准实现集合框架，如 LinkedList 类、HashSet 类与 TreeSet 类等。除此之外，可以通过这些接口实现用户自定义的集合
ArrayList	该类实现了 List 接口，且实现了可变大小的数组，随机访问与遍历元素时，该类能够提供更好的性能。该类也是非同步的，在多线程的情况下不能使用该类。ArrayList 数据增加时，增长率为当前长度的 50%，且该类的插入及删除效率低
HashSet	该类实现了 Set 接口，不允许出现重复元素，不保证集合中元素的顺序，允许包含值为 null 的元素，但最多只能包含一个值为 null 的元素
TreeSet	该类实现了 Set 接口，可以实现排序等功能
HashMap	HashMap 是一个散列表，它存储的内容是键值对映射。 该类实现了 Map 接口，其根据键的 HashCode 值存储数据，具有很快的访问速度，最多允许一条记录的键为 null，不支持线程同步
TreeMap	该类继承了 AbstractMap 抽象类，AbstractMap 实现了大部分的 Map 接口。TreeMap 的实现使用红黑树的数据结构

9.2 List 接口

List 接口的实现表示一个有序的、可重复的集合，集合中的每一个元素都有对应的顺序索引，其主要的实现类是 ArrayList 与 LinkedList。

V9-1 List 的使用

9.2.1 ArrayList 类

ArrayList 是最常用的一种 List 实现类，用于存储对象序列。与数组不同的是，数组的长度在数组创建后就固定了。但是 ArrayList 的长度是动态的，其可以存储任意多个对象，因此其元素的类型只能是引用数据类型。创建一个元素类型为 String 的 ArrayList 对象的示例代码如下。

```
ArrayList<String> arrayList = new ArrayList<String>();
```

在上述代码中，尖括号“<>”中的内容表示 ArrayList 集合中要存储的类型，如果要存储基本数据类型，则应在尖括号中注明基本数据类型对应的封装类。

ArrayList 可以使用 add 方法添加数据或者插入数据，此时其长度会动态变化，示例代码如下。

```
// 创建一个元素类型为 String 的 ArrayList 对象
ArrayList<String> list = new ArrayList<>();
// 输出 list 的长度
System.out.println(list.size());
```

```
// 向对象最后添加元素
list.add("Jason ");
list.add("is ");
list.add("my ");
list.add("name.");

// 在索引位置 3 处插入元素
list.add(3, "first ");

// 输出 list 的长度
System.out.println(list.size());
```

可以使用 get 方法来获取固定位置的元素值，List 支持多种遍历方式，示例代码如下。

```
// 创建一个元素类型为 String 的 ArrayList 对象
ArrayList<String> list = new ArrayList<>();

// 向对象最后添加元素
list.add("Jason ");
list.add("is ");
list.add("my ");
list.add("name.");

// 在索引位置 3 处插入元素
list.add(3, "first ");

// 使用 for 循环遍历输出元素值
for (int i = 0; i < list.size(); i++) {
     System.out.print(list.get(i));
}

System.out.println("");

// 使用 for…each 遍历输出元素值
for (String s : list)
     System.out.print(s);

System.out.println("");

// 转换为数组
String[] arr = new String[list.size()];
```

```
list.toArray(arr);
// 遍历数组
for (String s : arr)
    System.out.print(s);

System.out.println("");

// 使用迭代器遍历输出元素值
Iterator<String> iter = list.iterator();
while(iter.hasNext()) {
    System.out.print(iter.next());
}
```

可以使用 remove 方法删除元素，使用 set 方法更改元素值，示例代码如下。

```
ArrayList<String> list = new ArrayList<>();
list.add("Jason");
list.add("hello");
list.add("hello");

// 删除固定位置（第一个）的元素
list.remove(0);
// 删除固定内容（内容为"hello"）的第一个元素
list.remove("hello");
// 更改第一个元素的值为"Hello"
list.set(0, "Hello") ;

for(String s:list)
    System.out.print(s);
```

运行结果如下。

```
Hello
```

9.2.2　LinkedList 类

LinkedList 与 ArrayList 都是 List 接口的实现类，所以它们的添加、删除与遍历的操作方式基本相同，但是它们也有一些区别。

从名称上来看，ArrayList 是 Array（动态数组）数据结构，LinkedList 是 Link（链表）数据结构。此外，它们两个都是对 List 接口的实现。前者是数组队列，相当于动态数组；后者是双向链表结构，也可用作堆栈、队列、双端队列。

当随机访问 List 接口（使用 get 或 set 方法）时，ArrayList 比 LinkedList 的效率更高。因为 LinkedList 是线性的数据存储方式，其需要移动指针从前往后依次进行查找。

当对数据进行增加或删除操作（使用 add 或 remove 方法）时，LinkedList 比 ArrayList

的效率更高。因为 ArrayList 是数组，所以在其中进行增、删操作时，会对操作点之后所有数据的下标索引造成影响，因而需要进行数据的移动。

从利用效率上来看，ArrayList 的自由性较低，因为它需要手动设置固定大小的容量，但是其使用比较方便，只需要创建类，向其中添加数据，通过调用下标进行使用即可；而 LinkedList 的自由性较高，它能够动态地随数据量的变化而变化，但是它不便于使用。

ArrayList 的主要控件开销在于需要在 List 列表中预留一定空间，而 LinkedList 的主要控件开销在于需要存储结点信息以及结点指针信息。

总结 ArrayList 与 LinkedList 的区别如下。

① ArrayList 是 List 接口的一种实现，它是使用数组来实现的。LinkedList 是 List 接口的一种实现，它是使用链表来实现的。

② ArrayList 遍历与查找元素较快，LinkedList 遍历与查找元素较慢。

③ ArrayList 添加、删除元素较慢，LinkedList 添加、删除元素较快。

9.3 Map 接口

V9-2 Map 的使用

Java 中的 Map 接口使用键（key）与值（value）来保存数据，其中值可以重复，但键必须唯一。键也可以为空，但最多只能有一个键为空。它的主要实现类有 HashMap、LinkedHashMap 与 TreeMap 等。

9.3.1 HashMap 类

HashMap 是最常用的 Map 实现类，其特点为保存元素时先进后出，元素是无序的；查询效率比较高；键值对可以为 null，但最多只能有一个 null；不支持线程同步，即如果有多个线程同时写 HashMap，可能会导致数据不一致，如果数据需要同步，则可以使用 Collection 接口的 synchronizedMap 方法。HashMap 的示例代码如下。

```
// 尖括号中分别为 key 的数据类型和 value 的数据类型
Map<String, String> map = new HashMap<String, String>();
// 使用 put 添加元素
map.put("name", "张三");
map.put("sex", "男");
map.put("age", "12");
map.put("address", "深圳");
map.put("iPhone", "13987654321");
// 存放两个键值对为空的元素，输出时仅出现一个
map.put(null, null);
map.put(null, null);
// 输出时元素按先进后出的顺序排列
System.out.println("HashMap 存放元素规则是先进后出: " + map);
// 使用 get 方法通过 key 来获取对应的 value 值
System.out.println(map.get("sex"));
```

运行结果如下。

```
HashMap 存放元素规则是先进后出：{iPhone=13987654321, null=null, address=深圳, sex=男, name=张三, age=12}
男
```

9.3.2 LinkedHashMap 类

LinkedHashMap 内部是双向链表结构，其保存了元素插入的顺序，支持线程同步。LinkedHashMap 是 HashMap 的子类，因此其 put、get 等常用方法与 HashMap 一致，示例代码如下。

```
// 尖括号中分别为 key 的数据类型和 value 的数据类型
Map<String, String> map1 = new LinkedHashMap<String, String>();
// 使用 put 添加元素
map1.put("name", "张三");
map1.put("sex", "男");
map1.put("age", "12");
map1.put("addres", "深圳");
map1.put("iPhone", "13987654321");
map1.put(null, null);

System.out.println("元素按照插入的顺序排列："+map1);
```

运行结果如下。

```
元素按照插入的顺序排列：{name=张三, sex=男, age=12, addres=深圳, iPhone=13987654321, null=null}
```

9.3.3 TreeMap 类

TreeMap 中的元素默认按照 key 的自然顺序排列。对 Integer 来说，其自然顺序就是数字的升序；对 String 来说，其自然顺序就是按照字母表排序。TreeMap 保存的元素的键和值都不能为 null，但允许键值对重复。TreeMap 与 HashMap 一样，继承自抽象类 AbstractMap，因此其常用的 put 和 get 方法也相同，示例代码如下。

```
// 尖括号中分别为 key 的数据类型和 value 的数据类型
Map<String, String> map1 = new TreeMap<String, String>();
// 使用 put 添加元素
map1.put("a", "张三");
map1.put("b", "男");
map1.put("d", "深圳");
map1.put("e", "13987654321");
map1.put("c", "12");

System.out.println("元素按照 key 的自然顺序排列：" + map1);
```

运行结果如下。

```
元素按照 key 的自然顺序排列：{a=张三, b=男, c=12, d=深圳, e=13987654321}
```

9.4 Set 接口

Set 接口与 List 接口一样继承自 Collection 接口，因此其操作方式与 List 基本一致，但是其不允许存储重复元素，并且由于 Set 集合是无序集合，所以元素存储顺序与取出顺序不同。一个 Set 中最多包含一个空元素。Set 接口主要有 HashSet 和 TreeSet 两大实现类。

9.4.1 HashSet 类

HashSet 类直接实现了 Set 接口，其底层是通过包装一个 HashMap 实现的。HashSet 采用 HashCode 算法存取集合中的元素，因此具有较好的读取与查找性能。

HashSet 不但无法保证元素插入的顺序，而且集合中元素的顺序中也可能发生变化，HashSet 终端元素顺序由 HashCode 存储对象（元素）决定，因而对象变化可能会导致 HashCode 变化。

HashSet 是非线程安全的，因此跨线程使用可能会影响最终的结果。

HashSet 元素值可以为空。

示例代码如下。

```java
Set<String> set = new HashSet<>();
set.add("agk");
set.add("ghkjrtykh");
set.add("c");
set.add("yuiyd");

// 迭代器遍历
Iterator<String> it = set.iterator();
while (it.hasNext()) {
    System.out.println(it.next());
}
```

运行结果如下。

```
c
agk
yuiyd
ghkjrtykh
```

9.4.2 TreeSet 类

TreeSet 实现了 SortedSet 接口，这是一种排序的 Set 集合，查看 JDK 源码可以发现其底层是通过 TreeMap 实现的，因而其本质上是一棵红黑树。正因为它是经过排序的 Set 集合，所以相对 HashSet 来说，TreeSet 提供了一些额外的按排序位置访问元素的方法，如 first()、last()、lower()、higher()、subSet()、headSet()、tailSet()等。

TreeSet 的排序有两种类型：一种是自然排序，另一种是定制排序。

1. 自然排序（在元素中写排序规则）

TreeSet 会调用 compareTo 方法比较元素大小，然后将元素按升序排列。所以自然排序中的元素对象都必须实现 Comparable 接口，否则会抛出异常。TreeSet 通过调用从 Comparable 接口继承的 compareTo 方法来判断元素是否重复，如果返回 0 则表示是重复元素，反之返回非 0 数据。Java 的常用类均实现了 Comparable 接口，以下示例说明了没有实现 Comparable 接口存入 TreeSet 时引发异常的情况。自然排序的示例代码如下。

```
package com.jason.test;

import java.util.TreeSet;

public class Test {
    public static void main(String[] args) {
        TreeSet<Test> ts = new TreeSet<>();
        ts.add(new Test());
        ts.add(new Test());
        System.out.println(ts);
    }
}
```

运行结果如下。

```
Exception in thread "main" java.lang.ClassCastException: com.jason.test.Test cannot be
cast to java.lang.Comparable
    at java.util.TreeMap.compare(Unknown Source)
    at java.util.TreeMap.put(Unknown Source)
    at java.util.TreeSet.add(Unknown Source)
    at com.jason.test.Test.main(Test.java:8)
```

将上述代码中的 Test 类实现 Comparable 接口，程序即可正常运行，示例代码如下。

```
package com.jason.test;

import java.util.TreeSet;

// 实现 Comparable 接口
public class Test implements Comparable<Test> {

    public static void main(String[] args) {
        TreeSet<Test> ts = new TreeSet<>();
        ts.add(new Test());
        ts.add(new Test());
```

```
        System.out.println(ts);
    }

    /**
     * 比较此对象与制定对象的顺序
     */
    @Override
    public int compareTo(Test t) {
        // return -1; -1 表示放在红黑树的左边，即逆序输出
        // return 1; 1 表示放在红黑树的右边，即顺序输出
        // return 0; 0 表示元素相同，仅存放第一个元素
        return 0;
    }
}
```

运行结果如下。

```
[com.jason.test.Test@15db9742]
```

2. 定制排序

定制排序不需要在元素类中实现接口，而需要用户自定义一个类来实现 Comparator 接口，并将此类对象作为参数传入 TreeSet。

定制排序的示例代码如下。

```
package com.jason.test;

import java.util.Comparator;
import java.util.TreeSet;

public class Test {

    public static void main(String[] args) {
        // 注意参数传递，此处使用匿名内部类
        TreeSet<Test> ts = new TreeSet<>(new Comparator<Test>() {
            /**
             * 比较此对象与制定对象的顺序
             */
            @Override
            public int compare(Test o1, Test o2) {
                // return -1; -1 表示放在红黑树的左边，即逆序输出
                // return 1; 1 表示放在红黑树的右边，即顺序输出
                // return 0; 0 表示元素相同，仅存放第一个元素
```

```
                    return 0;
                }
            });
            ts.add(new Test());
            ts.add(new Test());
            System.out.println(ts);
        }
    }
```

运行结果如下。

```
[com.jason.test.Test@15db9742]
```

小结

Java 集合框架为程序员提供了预先包装的数据结构与算法。

集合是一个对象，可容纳其他对象的引用。集合接口声明对每一种类型的集合都可以执行操作。

集合框架的类与接口均在 java.util 包中，使用时需要导入该包。

任何对象加入集合类后都会自动转变为 Object 类型，所以在取出对象的时候，需要进行强制类型转换。为了避免发生这种情况，应该在集合的尖括号中限定元素的类型。

集合是实际开发中一种存储和处理数据的常用手段，读者需要熟练掌握。

思考与练习

1. 集合可以嵌套吗？如果能，如何对其进行赋值和遍历？
2. List、Map 和 Set 3 种接口在使用时应如何选择？

第 10 章 输入与输出

本章的主要内容是文件和数据流的操作，这些操作是计算机的基础，并不是 Java 独享的功能。在学习的过程中，读者对计算机数据的存储和传输会有进一步的了解。

本章要点

- File 类
- 流
- 字节流

10.1 File 类

Java 文件类以抽象的方式代表文件与目录路径。该类主要用于文件与目录的创建、文件的查找与删除等，File 对象代表磁盘中实际存在的文件与目录。通过以下构造方法创建一个 File 对象。

① File(File parent,String child)：通过给定的父抽象路径对象与子路径名创建一个新的 File 实例。

② File(String pathname)：通过给定路径名创建一个新 File 实例。

③ File(String parent,String child)：通过 parent 与 child 路径名创建一个新 File 实例。

④ File(URI uri)：通过给定的 file:URI 来创建一个新 File 实例。

创建 File 对象成功后，可以调用一些方法操作文件，File 类的常用方法见表 10-1。

表 10-1 File 类的常用方法

方法名	描述
getName()	返回此抽象路径名表示的文件或目录的名称
getParent()	返回此抽象路径名的父路径名字符串，如果此路径名没有指定父目录，则返回 null
getParentFile()	返回此抽象路径名的父路径名的抽象路径名，如果此路径名没有指定父目录，则返回 null
getPath()	将此抽象路径名转换为一个路径名字符串
isAbsolute()	测试此抽象路径名是否为绝对路径名
getAbsolutePath()	返回抽象路径名的绝对路径名字符串

续表

方 法 名	描　述
canRead()	测试应用程序是否可以读取此抽象路径名表示的文件
canWrite()	测试应用程序是否可以修改此抽象路径名表示的文件
exists()	测试此抽象路径名表示的文件或目录是否存在
isDirectory()	测试此抽象路径名表示的文件是否为一个目录
isFile()	测试此抽象路径名表示的文件是否为一个标准文件
lastModified()	返回此抽象路径名表示的文件最后一次被修改的时间
length()	返回由此抽象路径名表示的文件的长度
createNewFile()	当且仅当不存在具有此抽象路径名指定的名称的文件时，创建由此抽象路径名指定的一个新的空文件
delete()	删除此抽象路径名表示的文件或目录
deleteOnExit()	在虚拟机终止时，请求删除此抽象路径名表示的文件或目录
list()	返回由此抽象路径名所表示的目录中的文件和目录的名称所组成的字符串数组
list(FilenameFilter filter)	返回由包含在目录中的文件和目录的名称所组成的字符串数组，这一目录是通过满足指定过滤器的抽象路径名来表示的
listFiles()	返回一个抽象路径名数组，这些路径名表示此抽象路径名所表示的目录中的文件
listFiles(FileFilter filter)	返回表示此抽象路径名所表示的目录中的文件和目录的抽象路径名数组，这些路径名满足特定过滤器
mkdir()	创建此抽象路径名指定的目录
mkdirs()	创建此抽象路径名指定的目录，包括创建必需但不存在的父目录
renameTo(File dest)	重新命名此抽象路径名表示的文件
setLastModified(long time)	设置由此抽象路径名所指定的文件或目录的最后一次修改时间
setReadOnly()	标记此抽象路径名指定的文件或目录，以便只可对其进行读操作
createTempFile(String prefix, String suffix, File directory)	在指定目录中创建一个新的空文件，使用给定的前缀和后缀字符串生成其名称
createTempFile(String prefix, String suffix)	在默认临时文件目录中创建一个空文件，使用给定前缀和后缀生成其名称
compareTo(File pathname)	按字母顺序比较两个抽象路径名
compareTo(Object o)	按字母顺序比较抽象路径名与给定对象
equals(Object obj)	测试此抽象路径名与给定对象是否相等
toString()	返回此抽象路径名的路径名字符串

File 类的使用并不复杂，示例代码如下。

```
import java.io.File;
public class DirList {
   public static void main(String args[]) {
      String dirname = "/java";
      File f1 = new File(dirname);
      if (f1.isDirectory()) {
         System.out.println( "Directory of " + dirname);
         String s[] = f1.list();
         for (int i=0; i < s.length; i++) {
            File f = new File(dirname + "/" + s[i]);
            if (f.isDirectory()) {
               System.out.println(s[i] + " is a directory");
            } else {
               System.out.println(s[i] + " is a file");
            }
         }
      } else {
         System.out.println(dirname + " is not a directory");
     }
   }
}
```

运行结果如下。

```
Directory of /mysql
bin is a directory
lib is a directory
demo is a directory
test.txt is a file
README is a file
index.html is a file
include is a directory
```

10.2 流

编程本质上是对数据进行传输与处理，Java 中的数据传输均通过流的形式完成。数据传输可以按照流的方向分为输入流与输出流，也可以按照流的最小数据操作单位分为字节流与字符流。

10.2.1 流的基本概念

在 Java 中，所有的输入与输出都当作流来处理。“流”是一个抽象概念，它代表任何有能力产出数据的数据源对象或者有能力接收数据的接收端对象对数据的发送或接收的动态行为。"流"屏蔽了实际的输入输出设备中处理数据的细节。如图 10-1 所示，一个程序可以打开一个数据源中的流，并按顺序读取这个流中的数据到程序中，这样的流称为输入流；程序也可以打开一个目的地的流，并按顺序把程序中的数据写入到这个目的地中，这样的流称为输出流。

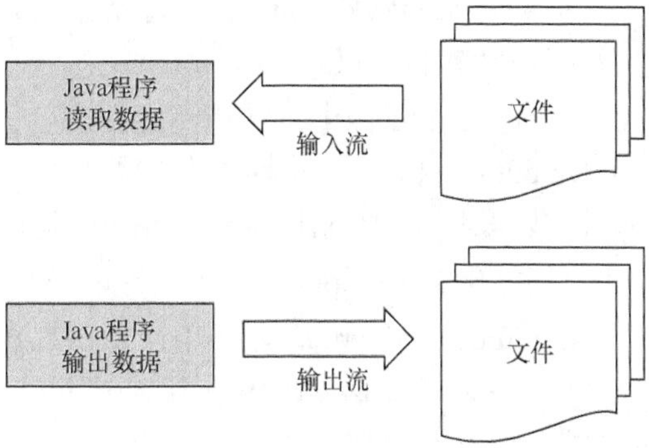

图 10-1 输入流与输出流

10.2.2 输入流与输出流

输入与输出是相对程序而言的，程序通过输入流从数据源读取数据。数据源可以是键盘、文件或网络等程序外界的位置，即将数据源读入到程序的通信通道中；程序通过向输出流写出数据，将程序中的数据输出到显示器、打印机、文件、网络等外界的通信通道中。

10.3 字节流

流还可以按照读取数据的单位分为字节流和字符流。字节流一般用于处理字节数据（如图片、视频等），字符流适用于处理字符数据（如文本），但二者并没有严格的功能区分，因为流之间可以通过转换使数据的处理变得更加灵活。

V10-1 字节流的使用

InputStream 和 OutputStream 分别是字节输入流与字节输出流的根源父类，它们的子类都是字节流，主要用于按字节来处理二进制数据。本节将以这两个流作为切入点，并延伸至其实现类 FileInputStream 和 FileOutputStream。

10.3.1 InputStream 类与 OutputStream 类

InputStream 类是一个抽象类，作为字节输入流的直接或间接父类，它定义了许多有用的和所有子类必需的方法，包括读取、移动指针、标记、复位与关闭等。InputStream 的一些方法会抛出 IOException 等异常，这是数据传输过程中各种不稳定因素（如网络错误、文件位置不存在等）导致的。InputStream 类的常用方法有以下几种。

① public abstract int read()：读取一个 byte 数据，返回值是高位补 0 的 int 类型值。

② public int read(byte b[])：读取 b.length 个字节的数据到数组 b 中，返回值是读取的字节数。该方法通过调用 3 个参数的重载方法实现。

③ public int read(byte b[],int off, int len)：从输入流中读取最多 len 个字节的数据，并将其存放到偏移量为 off 的数组 b 中。

④ public int available()：返回输入流中可以读取的字节数。值得注意的是，若输入阻塞，则当前线程将被挂起，如果 InputStream 对象调用这个方法，则它只会返回 0，这个方法须由 InputStream 类的子类调用才有用。

⑤ public long skip(long n)：忽略输入流中的 n 个字节，跳过一些字节后再读取，返回值是实际忽略的字节数。

⑥ public int close()：使用完此方法后，必须对打开的流进行关闭。

OutputStream 类也是抽象类，是字节输出流的直接或间接父类，当程序需要向外部设备输出数据时，需要创建 OutputStream 类的某一个子类对象。与 InputStream 类似，这些方法也可能抛出 IOException 异常。OutputStream 类中的常用方法有以下几种。

① public void write(byte b[])：将参数 b 的字节写入到输出流中。

② public void write(byte b[],int off,int len)：将参数 b 从偏移量 off 开始的 len 个字节写入到输出流中。

③ public abstract void write(int b)：先将 int 转换成 byte 类型，再将 b 的低八位字节写入到输出流中。

④ public void flush()：将数据缓冲区中的数据全部输出，清空缓冲区。

⑤ public void close()：关闭输出流，并释放与流相关的系统资源。

10.3.2 FileInputStream 类与 FileOutputStream 类

FileInputStream 用于从文件中读取数据，它的对象可以用 new 关键字来创建，有多种构造方法可用来创建对象。

可以使用字符串类型的文件名创建一个输入流对象。

```
InputStream f = new FileInputStream("C:/java/hello");
```

也可以使用一个文件对象创建一个输入流对象。

```
File f = new File("C:/java/hello");
InputStream out = new FileInputStream(f);
```

上述代码中创建了 FileInputStream 对象，其常用方法见表 10-2。

表 10-2 FileInputStream 类的常用方法

方　法	描　述
public void close() throws IOException{}	这个方法用于关闭此文件输入流并释放与此流有关的所有系统资源。抛出 IOException 异常
protected void finalize() throws IOException {}	这个方法用于清除与该文件的连接。确保在不再引用文件输入流时调用其 close 方法。抛出 IOException 异常
public int read(int r) throws IOException{}	这个方法用于从 InputStream 对象读取指定字节的数据，返回整数值。返回下一字节数据，如果已经到达结尾，则返回-1
public int read(byte[] r) throws IOException{}	这个方法用于从输入流读取 r.length 长度的字节，返回读取的字节数。如果到达文件结尾，则返回-1
public int available() throws IOException{}	这个方法用于返回下一次对此输入流调用的方法可以不受阻塞地从此输入流读取的字节数，返回一个整数值

FileOutputStream 用来创建一个输出流对象并向文件中写数据。如果该流在打开文件进

行输出前，目标文件不存在，那么该流会创建该文件。有两个构造方法可以用来创建FileOutputStream对象。

可以使用字符串类型的文件名创建一个输出流对象。

```
OutputStream f = new FileOutputStream("C:/java/hello")
```

也可以使用一个文件对象创建一个输出流对象。

```
File f = new File("C:/java/hello");
OutputStream f = new FileOutputStream(f);
```

上述代码创建了FileOutputStream对象，其常用方法见表10-3。

表10-3　FileOutputStream类的常用方法

方　法	描　述
public void close() throws IOException{}	这个方法用于关闭此文件输出流并释放与此流有关的所有系统资源。抛出IOException异常
protected void finalize() throws IOException {}	这个方法用于清除与该文件的连接。确保在不再引用文件输出流时调用其close方法。抛出IOException异常
public void write(int w) throws IOException{}	这个方法用于将指定的字节写入到输出流中
public void write(byte[] w)	这个方法用于将指定数组中w.length长度的字节写入到OutputStream中

文件输入流用于从磁盘读取文件，文件输出流用于向磁盘输出文件，下面以一个文件复制的例子来演示FileInputStream与FileOutputStream的使用，示例代码如下。

```
package com.jason.test;

// 导入相关包
import java.io.FileInputStream;
import java.io.FileNotFoundException;
import java.io.FileOutputStream;
import java.io.IOException;

public class Test {
    public static void main(String[] args) {
        try {
            // 读取C盘中的一个视频文件
            FileInputStream fis = new FileInputStream("C:/Test/wangxin.avi");
            // 输出到D盘的文件输出流对象
            FileOutputStream fos = new FileOutputStream("D:/Viedo/copy.avi");
            // 【注意】循环读取的容器数组,字节流要使用byte数组!
            byte[] buf = new byte[1024];
```

```
                // 记录每次读取的数据量
                int len = -1;
                // 循环读取并写出
                while ((len = fis.read()) != -1) {
                    // 参数一：源数据的数组
                    // 参数二：写出的起始位置
                    // 参数三：写出的数据量
                    fos.write(buf, 0, len);
                }
                // 关闭输入流和输出流
                fis.close();
                fos.flush();
                fos.close();
            } catch (FileNotFoundException e) {
                e.printStackTrace();
            } catch (IOException e) {
                e.printStackTrace();
            }
        }
    }
```

10.4 字符流

字符流处理的最基本单元是 Unicode 码元（大小为 2 字节），它通常用来处理文本数据。一个 Unicode 代码单元的范围是 0x0000～0xFFFF，在此范围内的每个数字都与一个字符相对应，String 类型默认将字符以 Unicode 规则编码，并存储在内存中。与存储在内存中不同的是，存储在磁盘中的数据通常有各种各样的编码方式。使用不同的编码方式时，相同的字符会有不同的二进制表示。

V10-2 字符流的使用

字节流与字符流的区别主要体现在以下几个方面。

① 字节流操作的基本单元为字节，字符流操作的基本单元为 Unicode 码元。

② 字节流默认不使用缓冲区，字符流使用缓冲区。

③ 字节流通常用于处理二进制数据，实际上它可以处理任意类型的数据，但它不支持直接写入或读取 Unicode 码元；字符流通常用于处理文本数据，它支持写入以及读取 Unicode 码元。

10.4.1 Reader 类与 Writer 类

Reader 和 Writer 是所有字符流类的抽象父类，用于简化对字符串的输入输出编程，即用于读写文本数据。

严格来讲，文件系统中的每个文件都是二进制文件，各种文本字符由一个或多个字节组成。如果一个文件中的每个字节或每相邻的几个字节中的数据都可以表示成某种字符，则可以称这个文件为文本文件，因此文本文件是二进制文件的一种特例。为了与文本文件区分，通常把文本文件以外的文件称之为二进制文件。在概念上可以认为：如果一个文件专用于存储文本字符而没有包含文本字符之外的其他数据，则称之为文本文件，除此之外的文件是二进制文件。

Reader 类和 Writer 类及其子类（FileReader 与 FileWriter 类等）主要用于读取文本格式的内容，而 InputStream 类和 OutputStream 类及其子类主要用于读取二进制格式的内容。

10.4.2 InputStreamReader 类与 OutputStreamWriter 类

整个 IO 包实际上分为字节流和字符流，但是除了这两个流之外，还存在一组字节流与字符流的转换类。

InputStreamReader 是 Reader 的子类，可以将输入的字节流转换为字符流，即将一个字节流的输入对象变为字符流的输入对象。

OutputStreamWriter 是 Writer 的子类，可以将输出的字符流转换为字节流，即将一个字符流的输出对象变为字节流的输出对象。

如果以文件操作为例，则内存中的字符数据需要通过 OutputStreamWriter 变为字节流才能保存在文件中，读取时需要将读入的字节流通过 InputStreamReader 变为字符流。

上述过程描述如下。

写入数据→内存中的字符数据→字符流→OutputStreamWriter→字节流→网络传输（或文件保存） 读取数据←内存中的字符数据←字符流←InputStreamReader←字节流←网络传输（或文件保存）

无论如何操作，数据最终是以字节的形式保存在文件中或者进行网络传输的。

关于转换流的使用，示例代码如下。

```
import java.io.File;
import java.io.FileInputStream;
import java.io.InputStreamReader;
import java.io.Reader;
public class TestInputStreamReader {
    public static void main(String[] args) throws Exception {
                                                    // 所有的异常抛出
        File f = new File("c:" + File.separator + "test.txt");
        Reader reader = null;
        reader = new InputStreamReader(new FileInputStream(f));
                                                    // 将字节流变为字符流
        char c[] = new char[1024];
        int len = reader.read(c);
```

```
            reader.close();
            System.out.println(new String(c, 0, len));
        }
    }

    import java.io.File;
    import java.io.FileOutputStream;
    import java.io.OutputStreamWriter;
    import java.io.Writer;
    public class TestOutputStreamWriter {
        public static void main(String[] args) throws Exception {
                                                    // 所有的异常抛出
            File f = new File("c:" + File.separator + "test.txt");
            Writer out = null;
            out = new OutputStreamWriter(new FileOutputStream(f));
                                                    // 将字节流变为字符流
            out.write("hello world"); // 使用字符流输出
            out.close();
        }
    }
```

10.4.3 FileReader 类与 FileWriter 类

FileReader 类用于读取文件，每次读取文件中的第一个未读取过的字符，并以 ASCII 码或 UTF-8 码的形式输入到程序中，创建对象的语法格式如下。

```
FileReader fr=new FileReader(filename);
```

其中，filename 必须是文件的完整路径和文件名，如果程序和该文件保存在同一目录下，则可以只用文件名而不需要其路径。

可以使用 FileReader 类中的 read 方法读取字符并返回一个相应的 int 类型的数据。当读到文件的结尾处时，返回值-1，在完成文件数据的读取后需要使用 close 方法关闭打开的文件。

FileWriter 类用于将数据从程序中写出到文件中，创建对象的语法格式如下。

```
FileWriter fr=new FileWriter(filename);
```

其中，filename 必须是文件的完整路径和文件名，如果程序和该文件保存在同一目录下，则可以只用文件名而不需要其路径。如果该文件名不存在，则系统会自动创建该文件。

可以使用 FileWriter 类中的 write 方法将文字或字符串写入到文件中。完成数据写入操作后，使用 close 方法关闭文件。

使用 FileReader 与 FileWriter 复制文本文件的示例代码如下。

```
package com.jason.test;
```

```
// 导入相关包
import java.io.*;

public class Test {
    public static void main(String[] args) {
        try {
            // 读取C盘中的一个文本文件
            FileReader fr = new FileReader("C:/Test/巴黎圣母院.txt");
            // 输出到D盘的文件输出流对象
            FileWriter fw = new FileWriter("D:/Text/巴黎圣母院（副本）.txt");
            // 【注意】循环读取的容器数组,字符流要使用char数组!
            char[] buf = new char[1024];
            // 记录每次读取的数据量
            int len = -1;
            // 循环读取并写出
            while ((len = fr.read()) != -1) {
                // 参数一：源数据的数组
                // 参数二：写出的起始位置
                // 参数三：写出的数据量
                fw.write(buf, 0, len);
            }
            // 关闭输入流和输出流
            fr.close();
            fw.flush();
            fw.close();
        } catch (FileNotFoundException e) {
            e.printStackTrace();
        } catch (IOException e) {
            e.printStackTrace();
        }
    }
}
```

上述程序构建了一个写入器 FileWriter 对象实例 fw，调用其 write 方法向文本文件“巴黎圣母院（副本）.txt”中写入各种数据。写入的数据来自于 FileReader 的 read 方法，实际上也可以将程序中的数据写入到文件中。

10.4.4 相关缓冲类

Java 提供了配套的缓冲类来搭配各种流的使用。

缓冲流可以显著提高读写的效率。缓冲中的数据实际上保存在内存中，而原始数据保存在本地存储介质中。从内存中读取数据的速度是从硬盘中读取数据的 10 倍以上，因此应该合理地使用缓冲流。

不能一次性将全部数据都读取到缓冲中的原因有两个：第一，读取全部的数据所需要的时间可能比较长；第二，内存价格昂贵，其容量不像硬盘那么大。

按照字符与字节、输入与输出可以将流分为四大类：字节输入流、字节输出流、字符输入流与字符输出流。每一种普通流都有与之对应的缓冲流。普通流与其对应的缓冲流见表 10-4。

表 10-4　普通流与其缓冲流

普 通 流	与其对应的缓冲流
InputStream	BufferedInputStream
OutputStream	BufferedOutputStream
Reader	BufferedReader
Writer	BufferedWriter

仍然以复制二进制文件为例，使用缓冲流的示例代码如下。

```
package com.jason.test;

// 导入相关包
import java.io.*;

public class Test {
     public static void main(String[] args) {
          try {
               FileInputStream fis = new FileInputStream("C:/Test/panda.png");
               // 将普通的字节输入流对象作为参数转换成缓冲字节输入流
               BufferedInputStream bis = new BufferedInputStream(fis);
               FileOutputStream fos = new FileOutputStream("D:/Text/copy.png");
               // 将普通的字节输出流对象作为参数转换成缓冲字节输出流
               BufferedOutputStream bos = new BufferedOutputStream(fos);
               byte[] buf = new byte[1024];
               int len = -1;
               // 直接操作缓冲流
               while ((len = bis.read()) != -1) {
                    bos.write(buf, 0, len);
               }
               // 关闭缓冲流
               bis.close();
               bos.flush();
```

```
                bos.close();
            } catch (FileNotFoundException e) {
                e.printStackTrace();
            } catch (IOException e) {
                e.printStackTrace();
            }
        }
    }
```

10.4.5 PrintStream 类与 PrintWriter 类

PrintStream 是一种 FilterOutputStream，它在 OutputStream 的接口上额外提供了一些写出各种数据类型的方法，为其他输出流增加了功能，使它们能够方便地输出各种数据值表示形式。与一般的输出流不同，PrintStream 永远不会抛出 IOException。

例如，System.out.println()实际上就是使用 PrintStream 输出各种数据。其中，System.out 是系统默认提供的 PrintStream，表示标准输出。System.err 是系统默认提供的标准错误输出。

PrintStream 输出的所有字符都使用平台的默认字符编码，并转换为字节。在需要写入字符而不是写入字节的情况下，应该使用 PrintWriter 类。两者的使用方法相同。

以 PrintWriter 为例，示例代码如下。

```
package com.jason.test;

import java.io.*;

public class Test {
    public static void main(String arg[]) throws Exception {
        // 使用 PrintStream 中的方法向 FileOutputStream 定位的文件中输出内容
        PrintStream ps = new PrintStream(new FileOutputStream(
                new File("d:" + File.separator + "test.txt")));
        // 换行输出
        ps.println("---------------------");
        // 要输出的数据
        String name = "Jason";
        int age = 23;
        float score = 990.356f;
        char sex = 'M';
        // 支持格式化输出
        ps.printf("姓名: %s; 年龄: %s; 成绩: %s; 性别: %s", name, age, score, sex);
        // 关闭流
        ps.close();
    }
}
```

上述代码会在指定位置的 test.txt 文件中输出标准格式的内容，文件内容如下。

```
-----------------------
姓名：Jason；年龄：23；成绩：990.356；性别：M
```

10.4.6 System.in 获取用户输入

System.in 表示原始的键盘输入数据，可以包装成字节流或者字符流，并配合使用 Scanner 类来使程序获取用户键盘输入，示例代码如下。

```java
package com.jason.test;

// 导入相关包
import java.util.Scanner;

public class Test {
    public static void main(String arg[]) throws Exception {
        // 使用 Scanner 类来处理来自于 System.in 的用户键盘输入数据
        Scanner scan = new Scanner(System.in);
        // 循环标志位
        boolean flag = true;
        while (flag) {
            System.out.println("请键盘输入（回车结束，\"exit\"退出）：");
            // 将键盘输入的一行数据转换为 String 对象
            String msg = scan.nextLine();
            // 如果键盘输入 exit，则退出程序
            if (msg.equals("exit"))
                flag = false;
            else
                System.out.println("您输入的数据是：" + msg);
        }
        System.out.println("程序退出");
        scan.close();
    }
}
```

运行结果（斜体为键盘输入的数据）如下。

请键盘输入（回车结束，"exit"退出）：
Jason
您输入的数据是：Jason
请键盘输入（回车结束，"exit"退出）：
is a boy.

```
您输入的数据是：is a boy.
请键盘输入（回车结束，"exit"退出）：
exit
程序退出
```

小结

本章讲解了 Java 常用输入与输出类的操作及使用。输入与输出都是以流的形式进行的。流的分类可以按照功能分为输入流与输出流，也可以按照处理数据的单位分为字节流与字符流。同时，上述两大类流可以互相搭配将流分为四小类：字节输入流、字节输出流、字符输入流与字符输出流。

任何流的根源父类都是抽象类，只有抽象类的子类才能实际使用，如文件操作的 FileInputStream 等。

缓冲流配合普通流的使用可以显著提高数据传输的效率。需要注意的是，每种流对应的缓冲流也是不同的。

PrintStream 和 PrintWriter 常用于搭配其他流进行标准化输出，可以从格式和操作上进行优化。

System.in 表示用户的键盘输入，可以配合其他的类在程序中处理来自于键盘输入的数据。

思考与练习

1. 使用缓冲字符输入流读取一个本地存储的文本文件。
2. 输入流和输出流是否为相对的，为什么？

第11章 多 线 程

默认情况下程序在同一时间只能执行一个任务，但是实际开发中经常需要在同一时间执行多个任务，这就需要使用多线程。本章内容为线程的概念、状态以及使用等。

本章要点

- 进程
- 线程
- 同步锁

11.1 线程概述

在学习线程的知识之前，需要先清楚程序（Program）、进程（Process）与线程（Thread）的定义和区别。

1. 程序

程序是指一组指示计算机或其他具有消息处理能力的设备每一步动作的指令，通常用某种程序设计语言编写，运行于某种目标体系结构上。

2. 进程

每个进程都是独立的，由以下 3 部分组成。

① 中央处理器（Central Processing Unit，CPU）。

② 数据（Data）。

③ 代码区（Code）。

用户下达运行程序的命令后，就会产生进程。同一程序可产生多个进程（一对多关系），以允许多位用户同时运行同一程序且不会互相冲突。

3. 线程

线程是独立调度和分派的基本单位，多线程有助于提高程序的执行吞吐率，从而提高程序的执行效率。

在面向线程设计的系统（如 Linux 2.6 及其更新的版本的操作系统）中，进程本身不是基本运行单位，而是线程的容器。程序本身只是指令、数据及其组织形式的描述，进程才是程序（指令和数据）的真正运行实例。若干进程有可能与同一个程序相关联，且每个进程皆可以同步（循序）或异步（平行）的方式独立运行。

11.2 线程的创建

虽然 Java 默认情况下只有一个线程（主线程），但是开发者可以在代码中通过合理地创建线程从而达到多线程的效果。值得注意的是，线程的数量并非越多越好，而要根据实际的业务分离度对线程进行合理的创建。毫无原则地滥用线程不仅无法提高代码效率，还会严重影响程序执行的稳定性。

11.2.1 线程的创建方式

Java 提供了线程类 Thread 来创建多线程。其实创建线程与创建普通类的对象的操作是一样的，而线程就是 Thread 类或其子类的实例对象。每个 Thread 对象描述了一个单独的线程。产生一个线程有以下两种方式。

1. 继承 Thread 类

需要从 java.lang.Thread 类继承一个子类，并重写 Thread 类的 run 方法。

2. 实现 Runnalbe 接口

需要从 java.lang.Runnable 接口实现一个类，并实现 Runnable 接口的 run 方法。在 Java 中，类仅支持单继承。也就是说，当定义一个新的类时，它只能继承一个父类。如果创建的自定义线程类是通过继承 Thread 类的方式实现的，那么这个自定义类就不能再去继承其他的类，也就无法实现更加复杂的功能。如果自定义类在实现线程功能的同时还必须继承其他的类，那么就可以使用实现 Runnable 接口的方式来定义该类为线程类，从而避免 Java 单继承所带来的局限性。

使用 Runnable 接口的方式创建线程的优点是可以处理同一资源，从而实现资源的共享。当然，继承 Thread 类方式也有其优势，如可以使代码更加简洁等。在实际开发中，要根据具体场景来选用采取何种方式。

11.2.2 继承 Thread 类

V11-1 使用 Thread 类创建线程

通过一个实际的案例讲解通过继承 Thread 类来使用多线程的方式。假设一个影院有 3 个售票口，分别用于向儿童、成人和老人售票。每个售票口有 3 张电影票，分别是儿童票、成人票和老人票。3 个售票口需要同时卖票，而现在只有一个售票员，这个售票员就相当于一个 CPU，3 个售票口就相当于 3 个线程，示例代码如下。

```
public class Test {
    public static void main(String[] args) {
        MutliThread m1 = new MutliThread("Window 1");
        MutliThread m2 = new MutliThread("Window 2");
        MutliThread m3 = new MutliThread("Window 3");
        m1.start();
        m2.start();
        m3.start();
```

```
    }
}
class MutliThread extends Thread {
    private int ticket = 3;// 每个线程都拥有 3 张票

    public MutliThread(String name) {
        super(name);
    }

    // run 方法中是子线程要执行的代码，在线程类对象调用 start 方法后执行
    @Override
    public void run() {
        while (ticket > 0) {
            System.out.println(ticket-- + " is saled by "
                    + Thread.currentThread().getName());
        }
    }
}
```

以上程序定义了一个自定义线程类 MutliThread，它继承了 Thread 类。在 Test 类的主方法中创建了 3 个自定义线程类对象，并通过 start 方法分别启动它们。

运行结果如下。

```
3 is saled by Window 1
3 is saled by Window 3
3 is saled by Window 2
2 is saled by Window 3
2 is saled by Window 1
1 is saled by Window 3
2 is saled by Window 2
1 is saled by Window 2
1 is saled by Window 1
```

值得注意的是，程序每次运行的结果可能都不相同。这是由 CPU 的调度随机性决定的。每个线程分别对应 3 张电影票，每个线程之间并无任何关系，表明每个线程之间是平等的，即没有优先级关系，因此它们都有机会得到 CPU 的处理。

运行结果显示这 3 个线程并不是依次交替执行的。当 3 个线程同时被执行时，有的线程被分配时间片（操作系统分配给每个正在运行的进程微观上的一段 CPU 时间）的机会多，票被提前卖完；有的线程被分配时间片的机会比较少，票迟一些卖完。由此可见，虽然多个线程执行的是相同的代码，但是彼此相互独立，且各自拥有自己的资源，互不干扰。

11.2.3 实现 Runnable 接口

V11-2 使用 Runnable 接口创建线程

也可以通过实现 Runnable 接口的方式来创建多线程，实现 11.2.2 节介绍的案例功能的代码示例可改为如下。

```
public class Test {
    public static void main(String[] args) {
        // 线程任务类对象需要作为参数传送给线程对象使用
        Thread t1 = new Thread(new ThreadTarget());
        Thread t2 = new Thread(new ThreadTarget());
        Thread t3 = new Thread(new ThreadTarget());
        // 设置线程名称
        t1.setName("Window 1");
        t2.setName("Window 2");
        t3.setName("Window 3");

        // 启动子线程
        t1.start();
        t2.start();
        t3.start();
    }
}
class ThreadTarget implements Runnable {
    private int ticket = 3;// 每个线程都拥有 3 张票

    // run 方法中是子线程要执行的代码，在线程类对象调用 start 方法后执行
    @Override
    public void run() {
        while (ticket > 0) {
            System.out.println(ticket-- + " is saled by "
                    + Thread.currentThread().getName());
        }
    }
}
```

在上述代码中，ThreadTarget 类作为线程的任务类，必须作为参数传入到 Thread 类的构造方法中才可以使用。除此之外，整个程序的功能层面与 11.2.2 节中的案例完全一致。

只要现实的情况要求新建线程彼此相互独立，各自拥有资源，且互不干扰，采用何种方式来创建多线程都是可以的。因为这两种方式创建的多线程程序能够实现相同的功能。

Runnable 接口可以实现线程间的资源共享，通过以下实际案例来进行讲解。模拟一个火车站的售票系统，假如当日从 A 地发往 B 地的火车票只有 100 张，且允许所有窗口售卖这 100 张票，那么每一个窗口相当于一个线程。但是和前面介绍的案例的不同之处在于所有线程处理的资源是同一个资源，即 100 张车票。如果用前面的方式来创建线程，则显然是无法实现的，这种情况该怎样处理呢？示例代码如下。

```
public class MutliThreadDemo {
    public static void main(String[] args) {
        MutliThread m=new MutliThread();
        Thread t1=new Thread(m);
        Thread t2=new Thread(m);
        Thread t3=new Thread(m);
        t1.start();
        t2.start();
        t3.start();
    }
}
class MutliThread implements Runnable{
    private int ticket=100;// 每个线程都拥有 100 张票
    public void run(){
        while(ticket>0){
            System.out.println(ticket--+" is saled by "+Thread.currentThread());
        }
    }
}
```

上述代码中仅创建了一个线程任务对象，而新建的 3 个线程对象都访问同一任务，并且由于每个线程上所运行的是相同的代码，因此它们执行的功能也是相同的。

如果必须创建多个线程来执行同一任务，且这多个线程之间将共享同一个资源，则要使用实现 Runnable 接口的方式来创建多线程程序。

实现 Runnable 接口相对于继承 Thread 类的方式来说具有无可比拟的优势。这种方式不但有利于提高程序的健壮性，使代码能够被多个线程共享，而且代码和数据资源相对独立，因此特别适用于多个具有相同代码的线程去处理同一资源的情况，其能将线程、代码和数据资源三者有效分离，很好地体现了面向对象的程序设计思想。

11.3 线程的生命周期

11.2 节中讨论了线程的两种创建方式，线程的创建仅仅是线程生命周期中的一部分。线程的整个生命周期由多个部分组成，这些状态之间的转换是通过线程提供的一些方法完成的。本节将全面讨论线程周期之间的转换过程。

如图 11-1 所示，线程有 5 种状态，任何一个线程都处于这 5 种状态中的一种。

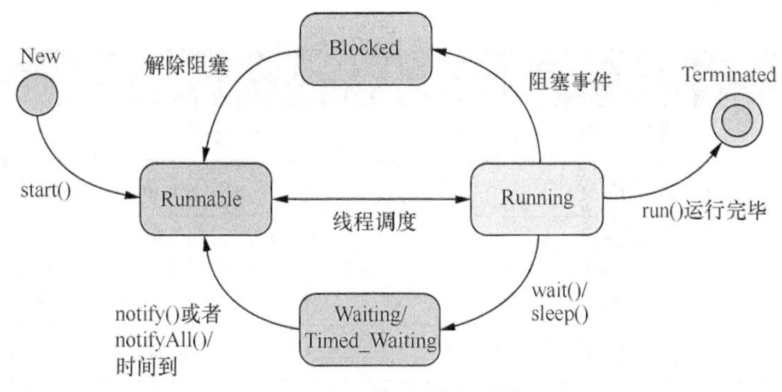

图 11-1　线程状态转换

1. 创建状态

创建状态（New）：线程对象已经创建，还没有调用 start 方法。

2. 就绪状态

就绪状态（Runnable）：当线程有资格运行，但调度程序还没有把它选定为运行线程时线程所处的状态。当 start 方法被调用时，线程首先进入就绪状态。在线程运行之后或者从阻塞、等待或睡眠状态回来后，线程也会返回到就绪状态。

3. 运行状态

运行状态（Running）：线程调度程序从可运行池中选择一个线程作为当前线程，这个被选线程会进入运行状态。这也是线程进入运行状态的唯一方式。

4. 阻塞状态

阻塞状态（NonRunnable，即 Blocked/Waiting/Timed_Waiting）：这是线程有资格运行时所处的状态。其实际上是将 3 个状态组合为一种，其共同点如下：线程仍旧是活的，但是当前没有条件运行。换句话说，它是不可运行的，但是当某个事件出现时，它可能返回运行状态。

5. 死亡状态

死亡状态（Terminated）：当线程的 run 方法完成时就认为线程死去，这个线程对象也许是活的，但是它已经不是一个单独执行的线程。线程一旦死亡，就不能复活。如果在一个死去的线程上调用 start 方法，则会抛出 java.lang.IllegalThreadStateException 异常。

线程拥有诸多方法来进行状态之间的切换，线程状态转换方法见表 11-1。

表 11-1　线程状态转换方法

方　法	描　述	有效状态	目的状态
start()	开始执行一个线程	New	Runnable
stop()	结束执行一个线程	New 或 Runnable	Done
sleep(long)	暂停一段时间，这个时间为给定的毫秒	Runnable	NonRunnable
sleep(long,int)	暂停片刻，可以精确到纳秒	Runnable	NonRunnable

续表

方　法	描　述	有效状态	目的状态
suspend()	挂起执行	Runnable	NonRunnable
resume()	恢复执行	NonRunnable	Runnable
yield()	明确放弃执行	Runnable	Runnable
wait()	进入阻塞状态	Runnable	NonRunnable
notify()	阻塞状态解除	NonRunnable	Runnable

值得注意的是，stop、suspend 与 resume 方法现在已经不提倡使用，这些方法在虚拟机中可能引起“死锁”现象。suspend 与 resume 方法的替代方法是 wait 与 sleep。线程的退出通常采用自然终止的方式，建议不要手动调用 stop 方法。

11.4 线程的优先级

多线程应用程序的每一个线程的重要性与优先级都可能不同，如有多个线程都在等待获得 CPU 的时间片，那么优先级高的线程抢占 CPU 并得以执行的概率会更高。当多个线程交替抢占 CPU 时，优先级高的线程占用的时间也更多。因此，高优先级的线程执行的效率和速度都会提升。

在 Java 中，CPU 的使用模式通常是抢占式调度模式。抢占式调度模式是指许多线程同时处于可运行状态，但只有一个线程正在运行。当线程运行结束，或者进入不可运行状态，或者具有更高优先级的线程变为可运行状态时，线程都将让出 CPU。

线程与优先级相关的方法如下。

```
public final void setPriority(int newPriority)
```

其中，newPriority 表示要设置线程的优先级，newPriorit 的值必须为 1～10，通常使用 3 个常量表示，分别是 Thread.MAX_PRIORITY、Thread.MIN_PRIORITY 与 Thread.NORM_PRIORITY。

获得线程优先级的方法如下。

```
public final int getPriority()
```

其返回值为线程优先级对应的整型数据。

关于线程优先级的示例代码如下。

```
class InheritThread extends Thread {
    // 自定义线程的 run 方法
    public void run() {
        System.out.println("InheritThread is running…"); // 输出字符串信息
        for (int i = 0; i < 10; i++) {
            System.out.println(" InheritThread: i=" + i); // 输出信息
            try {
                Thread.sleep((int) Math.random() * 1000); // 线程休眠
```

```
                } catch (InterruptedException e) // 捕获异常
                {
                }
            }
        }
    }
class RunnableThread implements Runnable {
        // 自定义线程的 run 方法
        public void run() {
            System.out.println("RunnableThread is running…"); // 输出字符串信息
            for (int i = 0; i < 10; i++) {
                System.out.println("RunnableThread : i=" + i); // 输出 i
                try {
                    Thread.sleep((int) Math.random() * 1000); // 线程休眠
                } catch (InterruptedException e) { // 捕获异常
                }
            }
        }
    }

public class ThreadPriority {
        public static void main(String args[]) {
            // 使用 Thread 类的子类创建线程
            InheritThread itd = new InheritThread();
            // 使用 Runnable 接口类的对象创建线程
            Thread rtd = new Thread(new RunnableThread());
            itd.setPriority(5); // 设置 itd 的优先级为 5
            rtd.setPriority(5); // 设置 rtd 的优先级为 5
            itd.start(); // 启动线程 itd
            rtd.start(); // 启动线程 rtd
        }
    }
```

上述代码中，线程 rtd 和 itd 具有相同的优先级，所以它们交替占用 CPU，宏观上处于并行运行状态。重新设定优先级，代码如下所示。

```
itd.setPriority(1); //设置 itd 的优先级为 1
rtd.setPriority(2);  //设置 rtd 的优先级为 2
```

由于设置了线程 itd 和 rtd 的优先级，并且 rtd 的优先级较高，因此基本上是 rtd 优先抢占 CPU 资源。

11.5 线程的控制

Thread 提供了一些便捷的工具方法，这些便捷的工具方法可以很好地控制线程的执行。

11.5.1 线程的启动

Java 是面向对象的程序设计语言，其重点是类的设计与实现。Java 利用线程类 Thread 来创建线程，通过线程类的构造方法创建一个线程对象，并调用其 start 方法启动该线程。

实际上，启动线程的目的就是执行它的 run 方法，而 Thread 类中默认的 run 方法没有任何业务逻辑代码，所以用 Thread 类创建的线程能完成任何任务。为了让创建的线程完成特定的任务，必须重新定义 run 方法。

11.5.2 线程的挂起

当线程启动后，可以调用 sleep 与 wait 方法使线程进入等待状态，进入等待状态的线程将会被挂起，CPU 不会再给挂起的线程分配资源，挂起和睡眠都是主动的，挂起恢复需要主动完成，睡眠恢复则是自动完成的，因为睡眠有一个睡眠时间，睡眠时间到达后，线程则恢复到可运行态。

11.5.3 线程状态检查

Java 中没有提供判断线程状态的方法，如果需要判断当前线程是否执行完毕，则必须在线程中添加一个布尔类型的数据作为标志位。当线程执行完毕后，改变标志位的值以标记线程执行完成。在判断线程状态时，只需要查询标志位的值即可判断当前线程是否执行完毕。

示例代码如下。

```
public class StatusThread extends Thread {
    // 定义线程程序标记，默认为false，线程未执行完毕
    public boolean isEnd;
    @Override
    public void run() {
        // TODO Auto-generated method stub
        int i = 10;
        while (i > 0 ) {
            i--;
            System.out.println("线程执行中…");
        }
        // 这里执行后代表线程执行完毕，将其状态设置为true
        isEnd = true;
    }
}
```

11.5.4 结束线程

Thread 类提供了一个 stop 方法，但是 stop 方法是一个被废弃的方法。因为 stop 方法过

于“暴力”，会强制把执行一半的线程终止，这样就无法保证线程的资源能够正常释放。

可以通过设定标志位等更加“温柔”的方式让线程正常结束，示例代码如下。

```
public class ChangeObjectThread extends Thread {
    // 用于停止线程
    private boolean isRunning = true;
    public void stopMe() {
        isRunning = false;
    }
    @Override
    public void run() {
        while (isRunning) {
            // TODO 线程运行代码
        }
        // TODO 回收资源代码
    }
}
```

上述代码定义了一个标志位 isRunning，用于指示线程是否需要退出。当 stopMe 方法被调用时，isRunning 就会被赋值为 false，此时 while 循环终止并执行线程回收资源相关代码，线程安全结束。

11.5.5　后台线程

有一种线程是在后台运行的，它的任务是为其他线程提供服务，这种线程被称为后台线程，又称为守护线程（Demon Thread）或精灵线程。JVM 的垃圾回收线程就是典型的后台线程。

如果所有的前台线程都死亡，则后台线程会自动死亡。

调用 Thread 对象的 setDaemon(true)方法可将指定线程设置成后台线程，示例代码如下。

```
public class DaemonThread extends Thread{
    public void run()
    {
        for(int i = 0;i < 100;i++)
        {
            System.out.println(getName() + " " + i );
        }
    }
    public static void main(String[] args) {
        DaemonThread dt = new DaemonThread();
        // 将此线程设置成后台线程
        dt.setDaemon(true);
        // 启动后台线程
```

```
        dt.start();

        for(int i = 0;i < 10;i++)
        {
            System.out.println(Thread.currentThread().getName()+ " " + i);
        }
        // 程序执行到此时，前台线程(main 线程)结束
        // 后台线程也应该随之结束
    }
}
```

上述代码将执行线程设置成后台线程，可以看到当所有前台线程都死亡时，后台线程随之死亡。当整个虚拟机中只剩下后台线程时，程序没有必要继续运行，所以虚拟机会退出。

从上面的程序可以看出，主线程和子线程都默认是前台线程，但并不是所有的线程都默认是前台线程，有些线程默认是后台线程。另外，前台线程创建的子线程默认是前台线程，后台线程创建的子线程默认是后台线程。

11.6 线程的同步

多线程可以共享资源（文件、数据库、内存等）。当线程以并发模式访问共享数据时，共享数据可能会发生冲突。Java 引入了线程同步的概念，以实现共享数据的一致性。线程同步机制能使多个线程有序地访问共享资源，而不是同时操作共享资源。

在线程异步模式的情况下，如果同一时刻有一个线程 A 在修改共享数据，另一个线程 B 在读取共享数据，当线程 A 没有处理完毕时，线程 B 肯定会得到错误的结果。如果采用多线程的同步控制机制，线程 B 会等待线程 A 修改完成后再进行数据读取。

通过分析多线程出售火车票的例子，可以更好地理解线程同步的概念。线程 Thread1 和线程 Thread2 都可以出售火车票，但是这个过程中会出现数据与时间信息不一致的情况。线程 Thread1 发现火车票 t 可以出售，所以准备出售此票。此时系统切换到线程 Thread2 执行，它查询余票后发现火车票 t 可以出售，所以线程 Thread2 也准备出售此票。显然，这样的代码存在逻辑漏洞，示例代码如下。

```
public class Test {
    public static void main(String[] args) {
        Window w = new Window(); // 线程任务
        Thread t1 = new Thread(w); // 线程 1
        Thread t2 = new Thread(w); // 线程 2
        // 设置线程名称
        t1.setName("Thread1");
        t2.setName("Thread2");
        // 启动线程
        t1.start();
```

```
        t2.start();
    }
}
class Window implements Runnable {
    // 标志位：判断车票 t 是否可售
    private static boolean t = true;

    @Override
    public void run() {
        // 获得线程名称
        String name = Thread.currentThread().getName();
        // 查询余票
        if (t == true) {

            System.out.println(name + "查询到车票 t 可售！准备出售中…");
            // 模拟出售时间
            try {
                Thread.sleep(1000);
            } catch (InterruptedException e) {
                e.printStackTrace();
            }
            t = false;
            System.out.println(name + "成功出售车票 t！");
        } else {
            System.out.println(name + "查询到车票 t 不可售");
        }
    }
}
```

运行结果如下。

```
Thread2 查询到车票 t 可售！准备出售中…
Thread1 查询到车票 t 可售！准备出售中…
Thread1 成功出售车票 t!
Thread2 成功出售车票 t!
```

为了解决此类问题，Java 提供了“锁”机制以实现线程的同步。锁机制的原理是每个线程进入共享代码之前需要运行结果获得锁，否则不能进入共享代码区，并且在退出共享代码之前释放该锁，这样就解决了多个线程竞争共享代码的问题，达到了线程同步的目的。

V11-3 synchronized 关键字

锁机制的实现方式是在共享代码之前加入 synchronized 关键字。

synchronized 关键字可以修饰方法，也可以修饰变量。

Java 有一个专门负责管理线程对象同步方法访问的工具——同步模型监视器。它为每个具有同步代码的对象准备唯一的锁。当多个线程访问对象时，只有取得锁的线程才能进入同步方法，其他访问共享对象的线程停留在对象中等待，如果获得锁的线程调用 wait 方法放弃锁，那么其他等待获得锁的线程将得到机会获得锁。当某一个等待线程取得锁时，它将执行同步方法，而其他没有取得锁的线程仍然继续等待机会获得锁。

线程之间通过消息实现相互通信，wait、notify 以及 notifyAll 方法可完成线程间的消息传递。例如，一个对象包含一个 synchronized 同步方法，同一时刻只能有一个获得锁的线程访问该对象中的同步方法，其他线程被阻塞在对象中等待获得锁。线程调用 wait 方法可使该线程进入阻塞状态，其他线程调用 notify 或 notifyAll 方法可以唤醒该线程。

当将一个语句块声明为 synchronized 时，它的访问线程之一执行该语句块，其他访问线程等待获得锁。

同步方法的语法格式如下。

```
class 类名{
  public synchronized 类型名称 方法名称(){
    ......
  }
}
```

对于同步块，synchronized 获取的是参数中的对象锁，格式如下。

```
synchronized(obj){
  ……
}
```

当线程执行到同步块时，必须获取 obj 对象的锁才能执行同步块；否则线程只能等待获得锁。值得注意的是，obj 对象的作用范围不同，控制情况也不尽相同。伪代码示例如下。

```
public void method(){
     Object obj= new Object();  // 创建局部 Object 类型对象 obj
     synchronized(obj){  // 同步块
          // ......
     }
}
```

上述代码创建了一个局部对象 obj。由于每一个线程执行到“Object obj = new Object();”时都会产生一个 obj 对象，每一个线程都可以获得创建的新的 obj 对象的锁，不会相互影响，因此这段程序不会起到同步作用。如果同步的是类的成员变量，则情况会有所不同。同步类的成员变量的伪代码示例如下。

```
class XXX{
    Object o = new Object(); // 创建 Object 类型的成员变量 o
    public void test(){
        synchronized(o){ // 同步块
```

```
            // ......
        }
    }
}
```

当两个并发线程访问同一个对象的 synchronized(o)同步代码块时，一段时间内只能有一个线程运行。其他的线程必须等待当前线程执行完同步代码块释放锁之后才能获得锁，获得锁的线程将执行同步代码块。有时可以通过下面的格式声明同步代码块，伪代码示例如下。

```
public void method(){
    synchronized(this) { // 同步块
    // ......
    }
}
```

当有一个线程访问某个对象的 synchronized(this)同步代码块时，另外一个线程必须等待该线程执行完此代码块，其他线程可以访问该对象中的非 synchronized(this)同步代码。如果类中包含多个 synchronized(this)同步代码块，则任一同步线程可访问其中一个同步代码块，其他线程都不能访问该对象的所有 synchronized(this)同步代码块。

对于以下形式的同步块而言，调用 ClassName 对象实例的并行线程中只有一个线程能够访问该对象。

```
synchronized(ClassName.class){
    // ......
}
```

11.7 线程通信

多线程之间可以通过消息通信以达到相互协作的目的。线程之间的通信是通过 Object 类中的 wait、notify、notifyAll 等方法实现的。每个对象内部不仅有一个对象锁，还有一个线程等待队列，这个队列用于存放所有等待对象锁的线程。

11.7.1 生产者/消费者

生产者与消费者是一个很好的线程通信模型。生产者不断地生产共享数据，而消费者不断地消费生产者生产的共享数据，必须先有生产者生产共享数据，才能有消费者消费共享数据，因此程序必须保证在消费者消费之前先有共享数据。如果没有共享数据，则消费者必须等待生产者生产新的共享数据。

生产者和消费者之间的数据关系如下。

① 生产者生产前，如果共享数据没有被消费，则生产者等待；生产者生产后，通知消费者消费。

② 消费者消费前，如果共享数据已经被消费完，则消费者等待；消费者消费后，通知生产者生产。

为了解决生产者和消费者的矛盾，引入了等待/通知（wait/notify）机制。等待使用 wait 方法，通知使用 notifyAll 或者 notify 方法。

生产者和消费者的示例代码（代码并不完善，剩余代码将在 11.7.2 节中完善）如下。

```
class Producer extends Thread { // 实现生产者线程
    Queue q; // 声明队列 q
    Producer(Queue q) { // 生产者构造方法
        this.q = q; // 队列 q 初始化
    }

    public void run() {
        for (int i = 1; i < 5; i++) { // 循环添加元素
             q.put(i); // 为队列添加新的元素
        }
    }
}
class Consumer extends Thread {
    Queue q; // 声明队列 q
    Consumer(Queue q) { // 消费者构造方法
        this.q = q; // 队列 q 初始化
    }
    public void run() {
        while (true) { // 循环消费元素
            q.get(); // 获取队列中的元素
        }
    }
}
```

在上述代码中，Producer 是一个生产者类，该生产者类提供一个以共享队列作为参数的构造方法，它的 run 方法循环产生新的元素，并将元素添加到共享队列中；Consumer 是一个消费者类，该消费者类提供一个以共享队列作为参数的构造方法，它的 run 方法循环消费元素，并将元素从共享队列中删除。

11.7.2 共享队列

共享队列类用于保存生产者生产与消费者消费的共享数据。共享队列类有两个成员变量——value（元素的数目）与 isEmpty（队列的状态），并提供了 put（增加数据）和 get（获取数据）两个方法。共享队列类 Queue 的示例代码如下。

```
class Queue {
    int value = 0; // 声明，并初始化整数类型数据域 value

    // 声明，并初始化布尔类型数据域 isEmpty，用于判断队列的状态
```

```
    boolean isEmpty = true;

    // 生产者生产方法
    public synchronized void put(int v) {
        // 如果共享数据没有被消费，则生产者等待
        if (!isEmpty) {
            try {
                System.out.println("生产者等待");
                wait(); // 进入等待状态
            } catch (Exception e) { // 捕获异常
                e.printStackTrace(); // 异常信息输出
            }
        }
        value += v; // value 值加 v
        isEmpty = false; // 将 isEmpty 赋值为 false
        System.out.println("生产者共生产数量: " + v); // 输出字符串信息
        notify(); // 生产之后通知消费者消费
    }

    // 消费者消费的方法
    public synchronized int get() {
        // 消费者消费前，如果共享数据已经被消费完，则消费者等待
        if (isEmpty) {
            try {
                System.out.println("消费者等待"); // 输出字符串信息
                wait(); // 进入等待状态
            } catch (Exception e) { // 捕获异常
                e.printStackTrace(); // 异常信息输出
            }
        }
        value--; // value 值-1
        if (value < 1) {
            isEmpty = true; // 将 isEmpty 赋值为 true
        }
        System.out.println("消费者消费一个，剩余: " + value); // 输出信息
        notify(); // 消费者消费后，通知生产者生产
        return value; // 返回 value
    }
}
```

在上述代码中，生产者调用 put 方法生产共享数据，如果共享数据不为空，则生产者线程进入等待状态，否则将生成新的数据，并调用 notify 方法唤起消费者线程进行消费；消费者调用 get 方法消费共享数据，如果共享数据为空，则消费者线程进入等待状态，否则将消费共享数据，并调用 notify 方法唤起生产者线程进行生产。

以下程序是生产者/消费者程序的主程序，该程序创建了一个共享队列、一个生产者线程和一个消费者线程，分别调用线程的 start 方法启动两个线程，示例代码如下。

```
public class ThreadCommunication {
    public static void main(String[] args) {
        Queue q = new Queue(); // 创建并初始化一个共享队列
        Producer p = new Producer(q); // 创建并初始化一个生产者线程
        Consumer c = new Consumer(q); // 创建并初始化一个消费者线程
        c.start(); // 消费者线程启动
        p.start(); // 生产者线程启动
    }
}
```

运行结果如下。

```
生产者共生产数量：1
生产者等待
消费者消费一个，剩余：0
消费者等待
生产者共生产数量：2
生产者等待
消费者消费一个，剩余：1
消费者消费一个，剩余：0
消费者等待
生产者共生产数量：3
生产者等待
消费者消费一个，剩余：2
消费者消费一个，剩余：1
消费者消费一个，剩余：0
消费者等待
生产者共生产数量：4
消费者消费一个，剩余：3
消费者消费一个，剩余：2
消费者消费一个，剩余：1
消费者消费一个，剩余：0
消费者等待
```

开始时消费者调用消费方法处于等待状态，此时唤起生产者线程。生产者开始生产共享数据之后，消费者进行消费。但是当共享数据为空时，所有消费者必须等待，生产者继续生产，此后消费者再次消费，如此循环直到程序运行结束，可以看到线程一直等待。要注意的是，这个线程会进入等待的状态直到其他线程唤醒或线程意外中断。

11.8 多线程产生死锁

当多个线程同时被阻塞时，它们中的一个或者全部都在等待某个资源被释放，由于线程被无限期地阻塞，因此程序不可能正常终止，这种现象称为死锁（Deadlock）。

V11-4 死锁

死锁的发生有 4 个必要条件，缺一不可。

1. 互斥使用

当资源被一个线程使用（占有）时，其他线程不能使用。

2. 不可抢占

资源请求者不能从资源占有者手中夺取资源，只能由占有者主动释放。

3. 请求和保持

当资源请求者请求其他资源时，保持对原有资源的占有。

4. 循环等待

存在一个等待队列：P1 占有 P2 的资源，P2 占有 P3 的资源，P3 占有 P1 的资源。这样就形成了一个等待环路。

上述 4 个条件是死锁的必要条件，因此打破其中的任意一个条件即可使死锁消失。但是在实际编写代码的时候，要尽量避免死锁现象的产生，而不是等其出现后再考虑使死锁消失。

很明显，死锁往往是程序中不恰当地使用了线程锁而导致的，示例代码如下。

```
public class Test {
    public static void main(String[] args) throws InterruptedException {
        Object o1 = new Object();
        Object o2 = new Object();
        Thread t1 = new Thread(new Runnable() {
            @Override
            public void run() {
                synchronized (o1) {
                    System.out.println("T1 抢占锁 1，准备抢占锁 2");
                    try {
                        Thread.sleep(100);
                    } catch (InterruptedException e) {
                        e.printStackTrace();
                    }
                    synchronized (o2) {
```

```
                    System.out.println("T1 抢占锁 2");
                }
            }
            System.out.println("T1 执行完毕");
        }
    });
    Thread t2 = new Thread(new Runnable() {
        @Override
        public void run() {
            synchronized (o2) {
                System.out.println("T2 抢占锁 2，准备抢占锁 1");
                try {
                    Thread.sleep(100);
                } catch (InterruptedException e) {
                    e.printStackTrace();
                }
                synchronized (o1) {
                    System.out.println("T2 抢占锁 1");
                }
            }
            System.out.println("T2 执行完毕");
        }
    });
    t1.start();
    t2.start();
  }
}
```

运行结果如下。

```
T1 抢占锁 1，准备抢占锁 2
T2 抢占锁 2，准备抢占锁 1
```

上述代码中，线程 T1 持有锁 1 并准备抢占锁 2，而线程 T2 持有锁 2 并准备抢占锁 1，两个线程都想抢占对方当前持有的锁，导致两个线程都无限期等待，这就是死锁。在实际开发中一定要谨慎使用线程锁，防止因死锁而导致的程序假死等现象的产生。

小结

Java 应用程序通过多线程技术共享系统资源，线程之间的通信与协同通过简单的方法调用完成。Java 语言对多线程的支持增强了 Java 作为网络程序设计语言的优势，为实现分布式应用系统中多用户并发访问与提高服务器效率奠定了基础。多线程编程是开发大型软件所必备的技术，读者应该将其作为重点与难点进行学习。

思考与练习

1．线程与线程之间可以嵌套吗？

2．线程睡眠和等待的区别是什么？

第 12 章 网络程序设计

Java 为网络编程设计了大量的 API 可供用户进行网络程序设计，本章就针对这些核心的 API 进行讲解。此外，本章包含了一些计算机网络的基础知识。

本章要点

- TCP
- UDP
- 3 次握手协议

12.1 基础知识

网络编程指的是在两个或两个以上的设备（如计算机）之间传输数据，从广义上讲，可以说是基于网络硬件，通过软件对发送与接收的信息进行组装与拆分，以达到通信的目的。

整个网络链路的环节非常复杂，本书主要围绕 Java 语言的基本网络功能进行讲解，关于计算机网络的其他知识还需要读者查阅相关书籍。

12.1.1 TCP

传输控制协议（Transmission Control Protocol，TCP）是一种面向连接的、可靠的、基于字节流的传输层通信协议。它保障了两个应用程序之间的可靠通信。在 TCP 的基础上拓展了网际协议（Internet Protocol，IP）等内容，又组成了互联网常用的 TCP/IP。

套接字（Socket）是一个抽象层，应用程序可以通过它发送或接收数据，可对其进行与文件一样的打开、读写和关闭等操作。套接字允许应用程序将 I/O 插入到网络中，并与网络中的其他应用程序进行通信。

套接字为 TCP 建立了两台计算机之间的通信机制。客户端程序会创建一个套接字，并尝试连接服务器的套接字。

当连接建立时，服务器会创建一个 Socket 对象。客户端与服务器可以通过对 Socket 对象的写入和读取来进行通信。

java.net.Socket 类代表一个套接字，而 java.net.ServerSocket 类为服务器程序提供了一种机制来监听客户端，并与它们建立连接。

两台计算机之间使用套接字建立 TCP 连接的步骤如下。

（1）服务器实例化一个 ServerSocket 对象，表示通过服务器上的端口通信。

（2）服务器调用 ServerSocket 类的 accept 方法，该方法将一直等待，直到客户端连接上服务器给定的端口。

（3）服务器等待时，一个客户端实例化一个 Socket 对象，指定服务器名称和端口号来请求连接。

（4）Socket 类的构造函数试图将客户端连接到指定的服务器和端口号。如果通信被建立，则在客户端创建一个 Socket 对象与服务器进行通信。

（5）在服务器端，accept 方法返回服务器上一个新的 Socket 引用，该 Socket 连接到客户端的 Socket。

连接建立后，通过 I/O 流进行通信，每一个 Socket 都有一个输出流和一个输入流，客户端的输出流连接到服务器端的输入流，而客户端的输入流连接到服务器端的输出流。

TCP 是一个双向的通信协议，因此数据可以通过两个数据流在同一时间发送。在 Java 中，TCP 主要通过 ServerSocket 类与 Socket 类实现。

服务器应用程序通过使用 java.net.ServerSocket 类以获取一个端口，并且监听客户端请求。ServerSocket 类的常用方法见表 12-1。

表 12-1　ServerSocket 类的常用方法

方　法	描　述
public ServerSocket(int port) throws IOException	构造方法，用于创建绑定到特定端口的服务器套接字
public ServerSocket(int port, int backlog) throws IOException	构造方法，利用指定的 backlog 创建服务器套接字并将其绑定到指定的本地端口号
public ServerSocket(int port, int backlog, InetAddress address) throws IOException	构造方法，使用指定的端口、侦听 backlog 和要绑定到的本地 IP 地址创建服务器
public ServerSocket() throws IOException	构造方法，创建非绑定服务器套接字
public int getLocalPort()	返回在此套接字上监听的端口
public Socket accept() throws IOException	监听并接收到此套接字的连接
public void setSoTimeout(int timeout)	通过指定超时值，启用/禁用 SO_TIMEOUT，以毫秒为单位
public void bind(SocketAddress host, int backlog)	将 ServerSocket 绑定到特定地址（IP 地址和端口号）

java.net.Socket 类代表客户端与服务器用来互相沟通的套接字。客户端获取一个 Socket 对象需通过实例化，而服务器获得一个 Socket 对象需通过 accept 方法的返回值。Socket 类的构造方法见表 12-2。

表 12-2　Socket 类的构造方法

方　法	描　述
public Socket(String host, int port) throws UnknownHostException, IOException	创建一个流套接字并将其连接到指定主机上的指定端口号

续表

方　法	描　述
public Socket(InetAddress host, int port) throws IOException	创建一个流套接字并将其连接到指定IP地址的指定端口号
public Socket(String host, int port, InetAddress localAddress, int localPort) throws IOException	创建一个套接字并将其连接到指定远程主机上的指定远程端口
public Socket(InetAddress host, int port, InetAddress localAddress, int localPort) throws IOException	创建一个套接字并将其连接到指定远程地址上的指定远程端口
public Socket()	通过系统默认类型的SocketImpl创建未连接套接字

当Socket构造方法被调用后，它实际上会尝试连接指定的服务器和端口。表12-3列出了Socket类的常用方法，注意客户和服务端都有一个Socket对象，所以无论是客户端还是服务器端都能够调用这些方法。

表12-3　Socket类的常用方法

方　法	描　述
public void connect(SocketAddress host, int timeout) throws IOException	将此套接字连接到服务器，并指定一个超时值
public InetAddress getInetAddress()	返回套接字连接的地址
public int getPort()	返回此套接字连接的远程端口
public int getLocalPort()	返回此套接字绑定的本地端口
public SocketAddress getRemoteSocketAddress()	返回此套接字连接的端点的地址，如果未连接，则返回null
public InputStream getInputStream() throws IOException	返回此套接字的输入流
public OutputStream getOutputStream() throws IOException	返回此套接字的输出流
public void close() throws IOException	关闭此套接字

现在即可使用上述方法完成客户端和服务器端的代码。客户端示例代码如下。

V12-1 TCP 编程

```
import java.net.*;
import java.io.*;

public class GreetingClient {
    public static void main(String[] args) {
        String serverName = args[0];
```

```
            int port = Integer.parseInt(args[1]);
            try {
                System.out.println("连接到主机:" + serverName + " ,端口号:" + port);
                Socket client = new Socket(serverName, port);
                System.out.println("远程主机地址: " +
client.getRemoteSocketAddress());
                OutputStream outToServer = client.getOutputStream();
                DataOutputStream out = new DataOutputStream(outToServer);

                out.writeUTF("Hello from " +
client.getLocalSocketAddress());
                InputStream inFromServer = client.getInputStream();
                DataInputStream in = new DataInputStream(inFromServer);
                System.out.println("服务器响应:  " + in.readUTF());
                client.close();
            } catch (IOException e) {
                e.printStackTrace();
            }
        }
}
```

服务器端示例代码如下。

```
public class GreetingServer extends Thread {
    private ServerSocket serverSocket;

    public GreetingServer(int port) throws IOException {
        serverSocket = new ServerSocket(port);
        serverSocket.setSoTimeout(10000);
    }

    public void run() {
        while (true) {
            try {
                System.out.println(
                                "等待远程连接，端口号为: " +
serverSocket.getLocalPort() + "...");
                Socket server = serverSocket.accept();
                System.out.println("远程主机地址:
+server.getRemoteSocketAddress()");
```

```
                    DataInputStream in = new DataInputStream(
                            server.getInputStream());
                    System.out.println(in.readUTF());
                    DataOutputStream out = new DataOutputStream(
                            server.getOutputStream());
                    out.writeUTF("谢谢连接我：" +
server.getLocalSocketAddress()
                            + "\nGoodbye!");
                    server.close();
                } catch (SocketTimeoutException s) {
                    System.out.println("Socket timed out!");
                    break;
                } catch (IOException e) {
                    e.printStackTrace();
                    break;
                }
            }
        }

        public static void main(String[] args) {
            int port = Integer.parseInt(args[0]);
            try {
                Thread t = new GreetingServer(port);
                t.run();
            } catch (IOException e) {
                e.printStackTrace();
            }
        }
}
```

启动服务器端，此时，服务器端会等待客户端的接入，程序运行结果如下。

```
等待远程连接，端口号为：6666...
```

启动客户端，服务器端的运行结果如下。

```
等待远程连接，端口号为：6666...
远程主机地址：+server.getRemoteSocketAddress()
Hello from /127.0.0.1:4280
等待远程连接，端口号为：6666...
```

服务器检测到客户端的接入后会输出信息，并继续等待其他客户端的连接。同样，客户端也会显示服务器的回传数据，客户端的运行结果如下。

```
连接到主机：fuwu ，端口号：6666
远程主机地址：/127.0.0.1:6666
服务器响应：  谢谢连接我：/127.0.0.1:6666

Goodbye!
```

服务器端的超时时间为 10s，若没有其他的客户端连接，则最终运行结果如下。

```
等待远程连接，端口号为：6666...
远程主机地址：+server.getRemoteSocketAddress()

Hello from /127.0.0.1:4280
等待远程连接，端口号为：6666...

Socket timed out!
```

12.1.2　UDP

用户数据报协议（User Datagram Protocol，UDP）是一个无连接的协议，提供面向事务的简单不可靠信息的传送服务。与 TCP 不同，由于 UDP 是无连接的，因此，相对于 TCP 而言，其数据传输的可靠性较低，但是传输的效率较高。同时，UDP 也拥有更简单的步骤且占用较少的资源。在很多对数据的可靠性没有过高要求的场合中，使用 UDP 更为合适。

UDP 并没有客户端与服务器端的区分，统一使用 DatagramSocket 类作为端，使用 DatagramPacket 类打包数据。

UDP 常用类的构造方法见表 12-4。

表 12-4　UDP 常用类的构造方法

方　法	描　述
DatagramSocket()	构造数据报套接字并将其绑定到本地主机的任何可用的端口
DatagramSocket(int port)	创建数据报套接字并将其绑定到本地主机的指定端口
DatagramSocket(int port, InetAddress address)	创建数据报套接字，将其绑定到指定的本地地址，即指定网卡发送和接收数据
DatagramPacket(byte [ ] buf, int length)	构造 DatagramPacket，用来接收长度为 length 的数据包
DatagramPacket(byte [ ] buf, int length, InetAddress address, int port)	构造数据报包，用于将长度为 length 的包发送到指定主机的指定端口号

UDP 发送数据的示例代码如下。

V12-2 UDP 编程

```
import java.net.DatagramPacket;
import java.net.DatagramSocket;
import java.net.InetAddress;
```

```
public class UdpSend {
    public static void main(String[] args) throws Exception {
        DatagramSocket ds = new DatagramSocket();
        String str = "hello , world!";
        DatagramPacket dp = new DatagramPacket(str.getBytes(), str.length(),
InetAddress.getByName("192.168.0.105"), 3000);
        ds.send(dp);
        ds.close(); // 关闭连接
    }
}
```

UDP 接收数据的示例代码如下。

```
import java.net.DatagramPacket;
import java.net.DatagramSocket;

public class UdpRecv {
    public static void main(String[] args) throws Exception {
        DatagramSocket ds = new DatagramSocket(3000);
        byte[] buf = new byte[1024];
        DatagramPacket dp = new DatagramPacket(buf,buf.length);
        ds.receive(dp);
        String str = new String(dp.getData(),0,dp.getLength());
        System.out.println(str);
        System.out.println("IP:" + dp.getAddress().getHostAddress() + ",
PORT:" + dp.getPort());
        ds.close();
    }
}
```

启动接收端后，接收端等待发送端发送数据。随后启动发送端，接收端接收到消息输出，并关闭连接。

运行结果如下。

```
hello , world!
IP:127.0.0.1,PORT:57894
```

12.2 IP 地址封装

InetAddress 类表示一个 IP 地址。除了 IP 地址以外，一些和域名相关的操作也被封装在 InetAddress 类中。

示例代码如下。

```
// 导入相关包
import java.net.InetAddress;
```

```
import java.net.UnknownHostException;

public class TestIP {
    public static void main(String[] args) {
        try {
            InetAddress inet1 = InetAddress.getByName("www.baidu.com");
            System.out.println("通过域名获得 IP 地址: " + inet1);
            // 组装 IP 地址为一个 byte 数组
            byte[] ipv4 = new byte[4];
            ipv4[0] = 61;
            ipv4[1] = (byte) 135;
            ipv4[2] = (byte) 169;
            ipv4[3] = 125;
            System.out.println("byte 数组真实值: " + ipv4[0] + "," + ipv4[1]
+ "," + ipv4[2] + "," + ipv4[3] + ",");
            // 获得指定网络地址的 InetAddress 类对象
            InetAddress inet2 = InetAddress.getByAddress("baidu", ipv4);
            System.out.println("IP 地址: " + inet2);
            // 获得本地网络地址的 InetAddress 类对象
            InetAddress inet3 = InetAddress.getLocalHost();
            System.out.println("本机 IP 地址: " + inet3);
        } catch (UnknownHostException e) {
            e.printStackTrace();
        }
    }
}
```

运行结果如下。

```
通过域名获得 IP 地址：www.baidu.com/180.101.49.11
byte 数组真实值：61,-121,-87,125,
IP 地址：baidu/61.135.169.125
本机 IP 地址：VAIO-S13/192.168.77.1
```

12.3 HTTP

超文本传输协议（Hypertext Transfer Protocol，HTTP）是一个基于 TCP/IP 来传递数据的协议，默认端口为 80，其特点如下。

1. 无连接

HTTP 每次连接只处理一个请求。服务器处理完客户的请求并收到客户的应答后就断开连接。采用这种方式可以节省传输时间。

2．媒体独立

只要客户端和服务器知道如何处理数据内容，任何类型的数据就都可以通过 HTTP 发送。客户端以及服务器指定适合的 MIME-type（通常只有一些在互联网上获得广泛应用的格式才会获得一个 MIME-type）来表示其内容类型。

3．无状态

HTTP 是无状态协议。无状态是指协议对于事务处理没有记忆能力。一方面，缺少状态意味着如果后续处理需要前面的信息，则它必须重传，这样可能导致多次连接传送的数据量增大。另一方面，在服务器不需要先前信息时，服务器的应答会较快。

HTTP 1.0 是第一个在通信中指定版本号的 HTTP 版本，至今仍被广泛采用，特别是在代理服务器中。

HTTP 1.1 是当前使用的通信版本，其默认采用持久连接，并能很好地配合代理服务器工作。它还支持以管道方式同时发送多个请求，以便降低线路负载，提高传输速度。

12.3.1 HTTP 请求/响应的步骤

虽然很多工具类已经封装好了 HTTP 请求与响应的步骤，但是作为一名开发者，仍然需要对 HTTP 请求与响应的步骤有一定程度的了解。

1．客户端连接到 Web 服务器

一个 HTTP 客户端通常是浏览器，它与 Web 服务器的 HTTP 端口（默认为 80）建立一个 TCP 套接字连接。例如，http://www.ryjiaoyu.com/。

2．发送 HTTP 请求

通过 TCP 套接字，客户端向 Web 服务器发送一个文本的请求报文。一个请求报文由请求行、请求头部、空行和请求数据 4 部分组成。

3．服务器接收请求并返回 HTTP 响应

Web 服务器解析请求，定位请求资源。服务器将资源副本写到 TCP 套接字中，由客户端读取。一个响应由状态行、响应头部、空行和响应数据 4 部分组成。

4．释放 TCP 连接

若 Connection 模式为 Close，则服务器主动关闭 TCP 连接，客户端被动关闭连接，释放 TCP 连接；若 Connection 模式为 Keepalive，则该连接会保持一段时间，在该时间内可以继续接收请求。

5．客户端浏览器解析 HTML 内容

客户端浏览器会先解析状态行，查看表明请求是否成功的状态代码；再解析每一个响应头，响应头告知若干字节的 HTML 文档与文档的字符集；最后，客户端浏览器读取 HTML 的数据，根据 HTML 的语法对其进行格式化，并在浏览器窗口中显示。

12.3.2 3 次握手协议

3 次握手协议（Three Interaction Protocol）指的是在发送数据的准备阶段，服务器端和

客户端之间需要进行 3 次交互的规定。3 次握手结束后，客户端和服务器才可以进行数据传输。

为了提供可靠的传送，TCP 在发送新的数据之前，以特定的顺序对数据包进行排序，并需要这些包传送给目标机之后的确认消息。TCP 总是用来发送大批量的数据，当应用程序在收到数据后做出确认时也要用到 TCP。

3 次握手协议的过程如下。

1. 第一次握手

建立连接时，客户端发送同步序列编号（Synchronize Sequence Numbers，SYN）包（syn=j）到服务器，并进入 SYN_SENT 状态，等待服务器确认。

2. 第二次握手

服务器收到 SYN 包，必须确认客户的 SYN（ack=j+1），同时自己发送一个 SYN 包（syn=k），即 SYN+ACK 包，此时服务器进入 SYN_RECV 状态。

3. 第三次握手

客户端收到服务器的 SYN+ACK 包，向服务器发送确认包 ACK(ack=k+1)，此包发送完毕，客户端和服务器进入 ESTABLISHED（TCP 连接成功）状态，完成 3 次握手。

小结

Java 网络知识是后续学习 Java Web 的基础，现在的应用程序中几乎都使用到了网络，在学习 Java Web 开发的过程中一定会用到网络的知识点，读者应该将该部分内容作为重点和难点进行学习。

思考与练习

1. TCP 和 UDP 各自的优势和劣势是什么？
2. 举例说明 HTTP 具体使用的场景。

第13章 JDBC 数据库编程

读者对于数据的存储与操作一般借助于文件操作，而海量数据的处理需要借助于数据库工具，JDBC 是实现数据库交互的一种接口模型，可以使用 Java 语言来对市场上的各种主流数据库进行操作。

本章要点

- 数据库管理系统
- 使用 JDBC 操作数据库
- 增删改查操作
- 事务管理
- 批处理

13.1 数据库管理系统

数据库管理系统（Database Management System，DBMS）是一种操作与管理数据库的大型软件，用于建立、使用与维护数据库。它对数据库进行统一的管理与控制，以保证数据库的安全性与完整性。用户通过 DBMS 访问数据库中的数据，数据库管理员也通过 DBMS 进行数据库的维护工作。它可使多个应用程序与用户用不同的方法在同时或不同时刻去建立、修改与询问数据库。大部分 DBMS 提供数据定义语言（Data Definition Language，DDL）与数据操作语言（Data Manipulation Language，DML），供用户定义数据库的模式结构与权限约束，实现对数据的追加与删除等操作。

数据库管理系统是数据库系统的核心，是管理数据库的软件。数据库管理系统就是把用户意义下抽象的逻辑数据处理并转换成计算机中具体的物理数据处理的软件。有了数据库管理系统，用户就可以在抽象意义下处理数据，而不必顾及这些数据在计算机中的布局与物理位置。

13.1.1 数据库种类

数据库通常分为层次式数据库、网络式数据库与关系式数据库 3 种。不同的数据库是按不同的数据结构来联系与组织的。在当今的互联网中，最常见的数据库模型主要有两种：关系型数据库与非关系型数据库。本章主要介绍关系型数据库。

1. 关系型数据库的由来

虽然网络式数据库与层次式数据库已经很好地解决了数据的集中与共享问题，但是它们在数据库独立性与抽象级别上仍有很大欠缺。用户在对这两种数据库进行存取时，仍然需要明确数据的存储结构，指出存取路径。而关系型数据库就可以更好地解决这些问题。

2. 关系型数据库的使用

关系型数据库模型是把复杂的数据结构归结为简单的二元关系（二维表格形式），见表 13-1。

表 13-1 关系型数据库表格（学生表）

学 号	姓 名	年 龄
001	张三	24
002	李四	25
003	王五	26

在关系型数据库中，对数据的操作几乎全部建立在一个或多个关系表格上，通过对这些关联的表格进行分类、合并、连接或选取等运算来实现数据库的管理。

关系型数据库已经诞生 40 余年，从理论产生发展到现实产品，如 Oracle 与 MySQL 等。Oracle 在数据库领域中占据了霸主地位，形成每年高达数百亿美元的庞大产业市场。

13.1.2 常见关系型数据库

市面上存在诸多厂商的数据库产品，但以下 3 种数据库是目前最为常见的。

1. Oracle 数据库

Oracle 数据库是美国甲骨文公司（Oracle Corporation）提供的以分布式数据库为核心的一组软件产品，是目前最流行的客户机/服务器（Client/Server，C/S）体系结构的数据库之一。Oracle 数据库是目前世界上使用最为广泛的数据库管理系统，作为一个通用的数据库系统，它具有完整的数据管理功能；作为一个关系型数据库，它是一个具有完备关系的产品；作为分布式数据库，它实现了分布式处理功能。

2. SQL Server 数据库

SQL Server 数据库是美国 Microsoft 公司推出的一种关系型数据库系统。SQL Server 是一个可扩展的、高性能的、为分布式客户机/服务器计算所设计的数据库管理系统，它实现了与 Windows NT 的有机结合，提供了基于事务的企业级信息管理系统方案。

3. MySQL 数据库

MySQL 数据库是一种开放源代码的关系型数据库管理系统（Relational Database Management System，RDBMS），MySQL 数据库使用最常用的数据库管理语言——结构化查询语言（Structured Query Language，SQL）进行数据库管理。MySQL 是开放源代码的，因此任何人都可以在通用公共许可证（General Public License，GPL）下载 MySQL，并根据个性化的需要对其进行修改。MySQL 因为其速度、可靠性与适应性而备受关注。大多数人认为在不需要事务化处理的情况下，MySQL 是管理数据最好的选择。

由于 Oracle 数据库与 SQL Server 数据库都需要付费使用，所以本章采用免费开放的

MySQL 数据库进行案例演示。

13.1.3 MySQL 数据库的安装

在数据库配置与使用之前，必须要在服务器上安装数据库，本书以 MySQL 数据库为例，对于其他数据库的安装，读者可自行参考相关文档。

1. 下载

在 MySQL 官方网站下载社区版 MySQL，如图 13-1 所示。

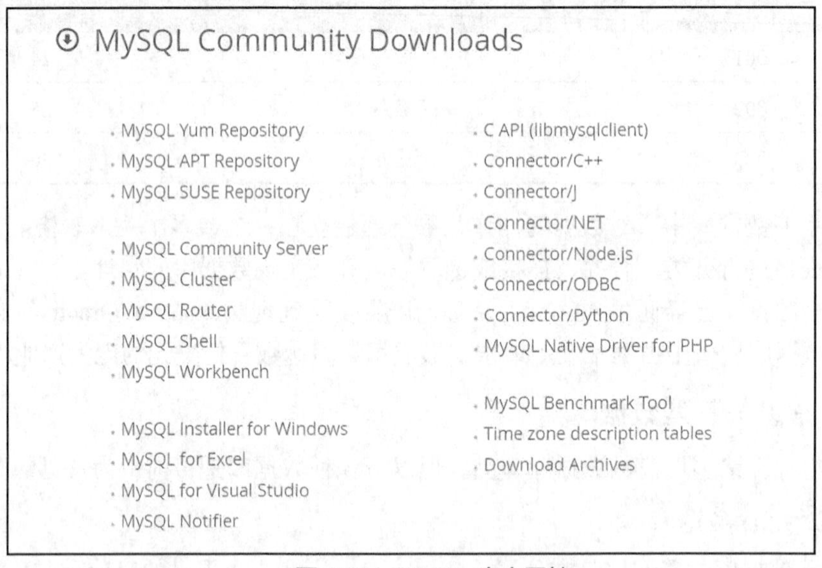

图 13-1　MySQL 官方网站

单击“MySQL Installer for Windows”链接，进入下载页面，如图 13-2 所示。

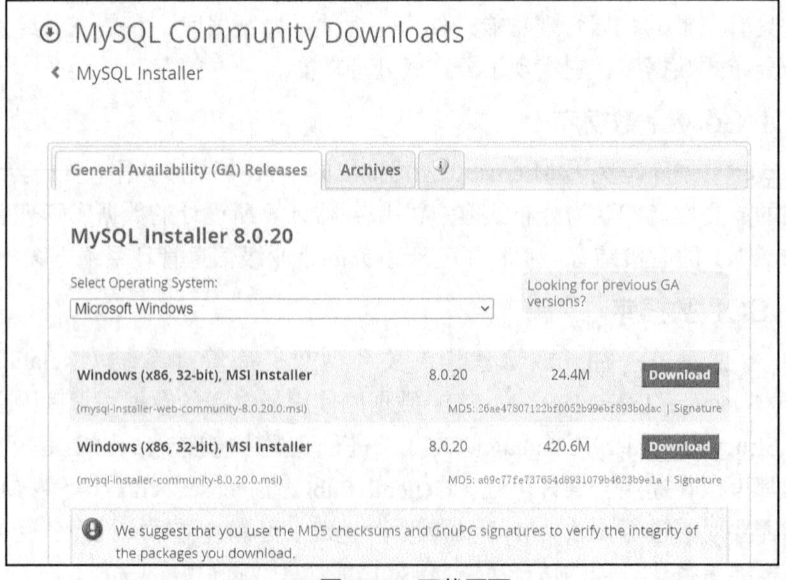

图 13-2　下载页面

选择“Archives”选项卡，并选择对应版本的安装包进行下载（本书使用的版本为 5.6.37），如图 13-3 所示。

MySQL Product Archives

MySQL Installer (Archived Versions)

Please note that these are old versions. New releases will have recent bug fixes and features!
To download the latest release of MySQL Installer, please visit MySQL Downloads.

Product Version: 5.6.37

Operating System: Microsoft Windows

Windows (x86, 32-bit), MSI Installer (mysql-installer-web-community-5.6.37.0.msi)	Jun 9, 2017	18.5M	Download
Windows (x86, 32-bit), MSI Installer (mysql-installer-community-5.6.37.0.msi)	Jun 9, 2017	233.8M	Download

图 13-3 选择对应版本的安装包

2. 安装 MySQL

运行安装包，勾选“I accept the license terms”复选框，同意安装协议，单击“Next”按钮，如图 13-4 所示。

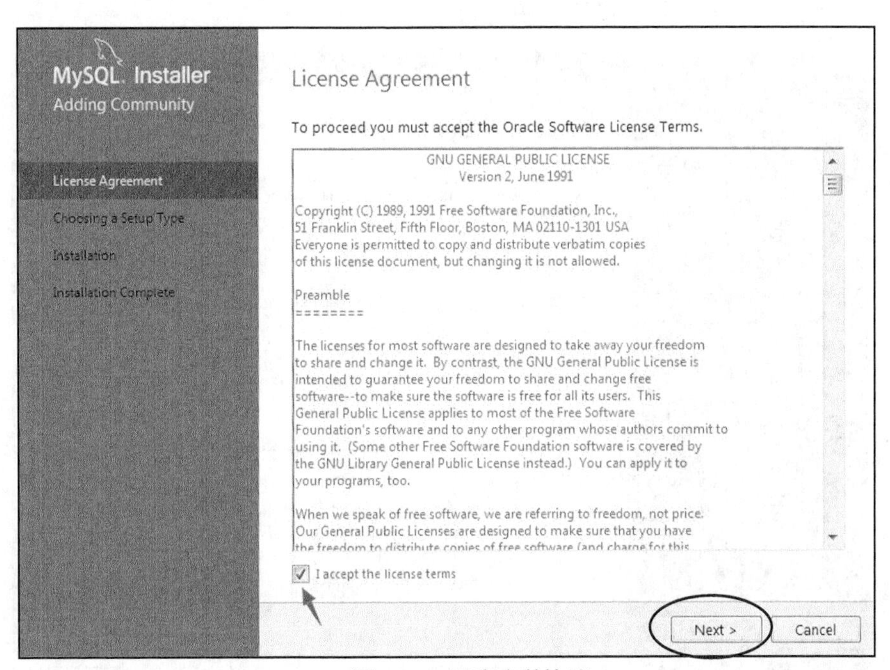

图 13-4 同意安装协议

选择安装类型，第一个单选按钮包含了一些 MySQL 的其他组件，如果只安装 MySQL 数据库，则选中“Server only”单选按钮即可。如图 13-5 所示，这里选择默认的“Developer Default”单选按钮。

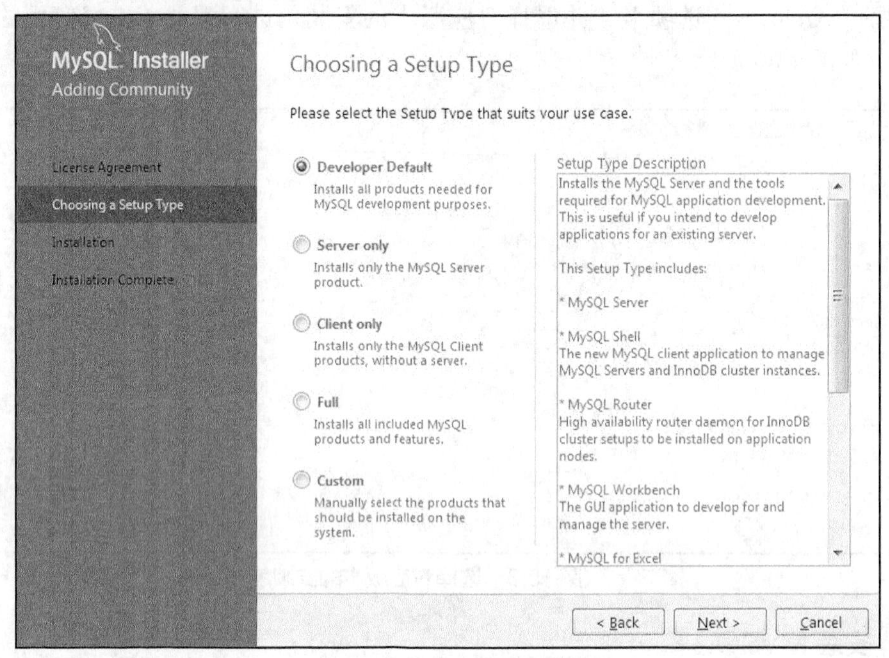

图 13-5　选择安装类型

进入“Check Requirements”页面，检查必需项，如图 13-6 所示，单击“Next”按钮，弹出警告对话框，单击“是”按钮继续进行操作。

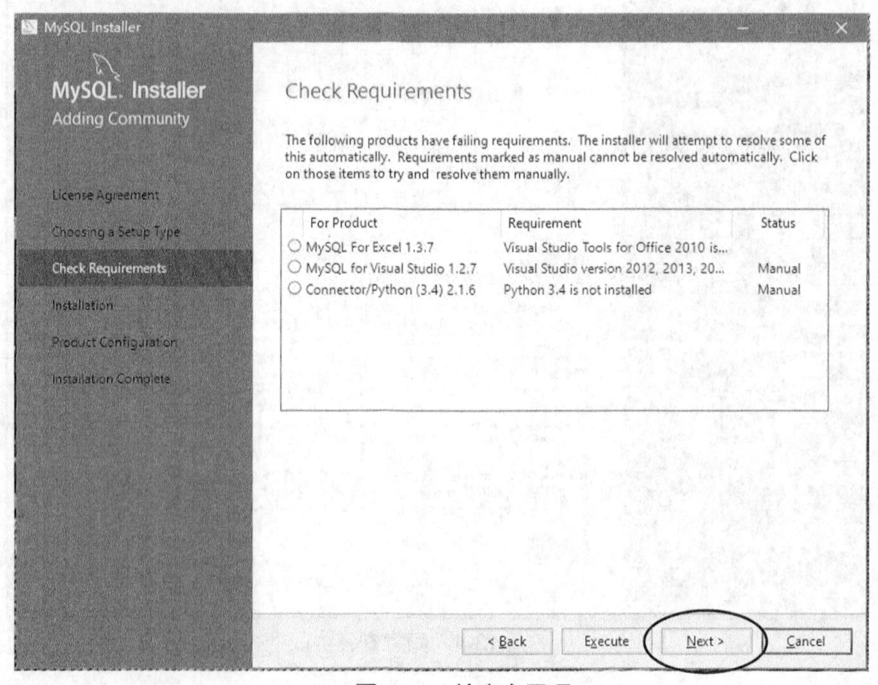

图 13-6　检查必需项

进入“Installation”页面，单击“Execute”按钮，如图 13-7 所示，开始执行安装操作，全部安装完毕后，单击“Next”按钮。

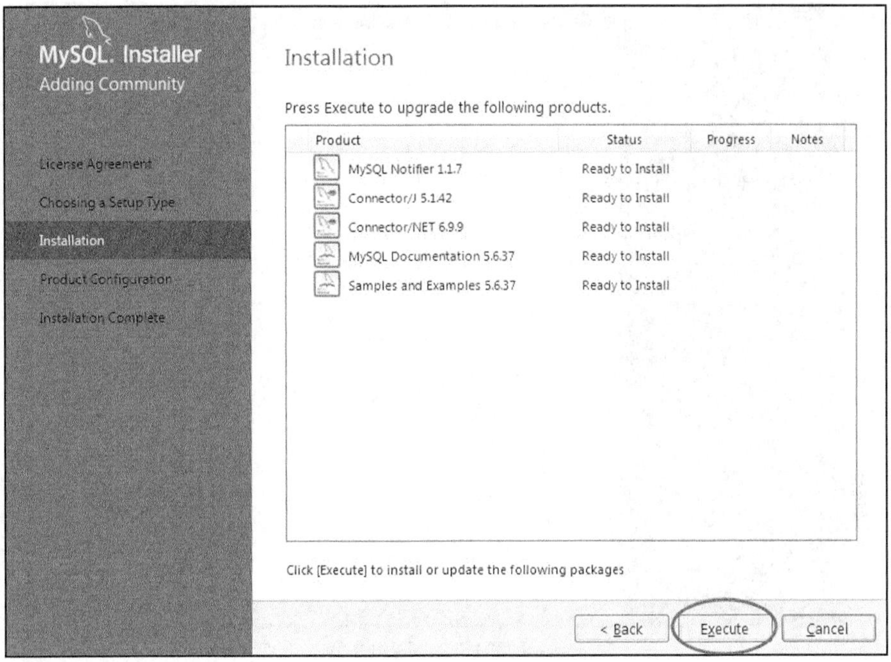

图 13-7　开始执行安装操作

进入“Product Configuration”页面，进行产品配置，如图 13-8 所示，单击“Next”按钮。

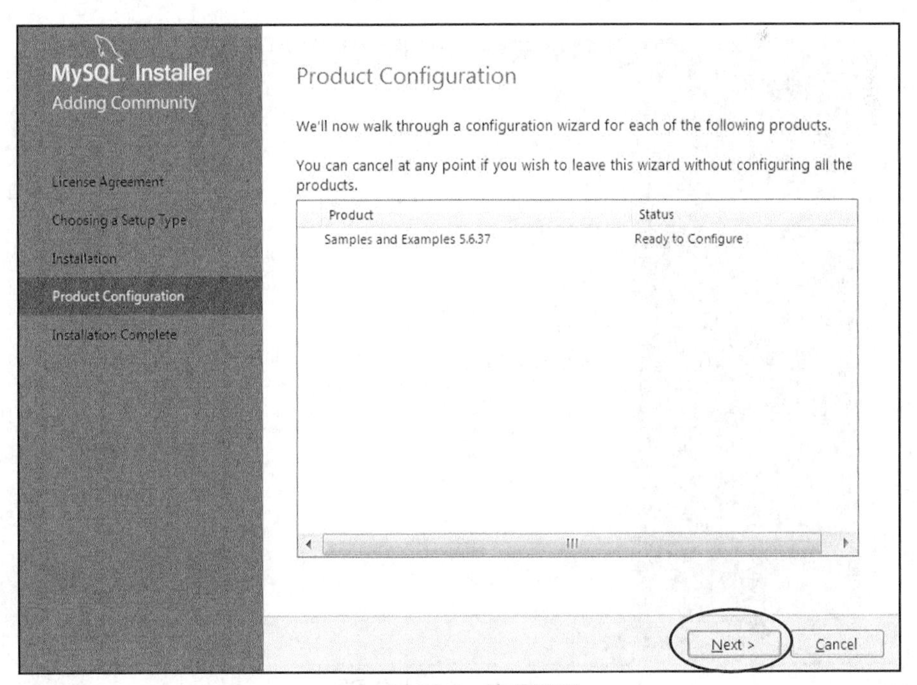

图 13-8　产品配置

进入“Type and Networking”页面，进行服务配置，如图 13-9 所示，在“Port Number”文本框中输入默认端口 3306，单击“Next”按钮。

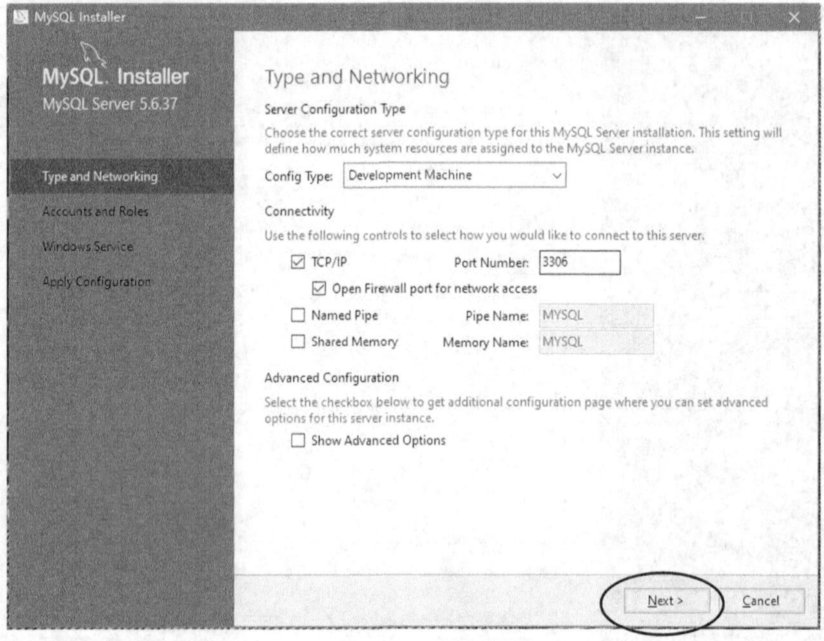

图 13-9　服务配置

进入“Accounts and Roles”页面，进行账户配置，如图 13-10 所示，这里一般不添加具有普通用户权限的 MySQL 用户账户，而是使用 root 账户。

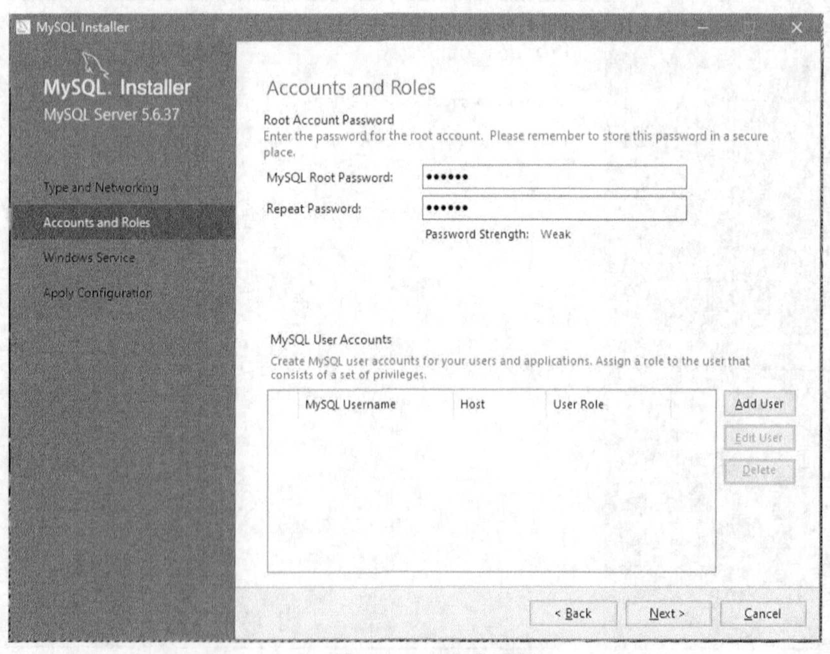

图 13-10　账户配置

进入“Windows Service”页面，进行系统服务配置，如图 13-11 所示，在“Windows Service Name（MySQL 服务名）”文本框中输入“MySQL56”。

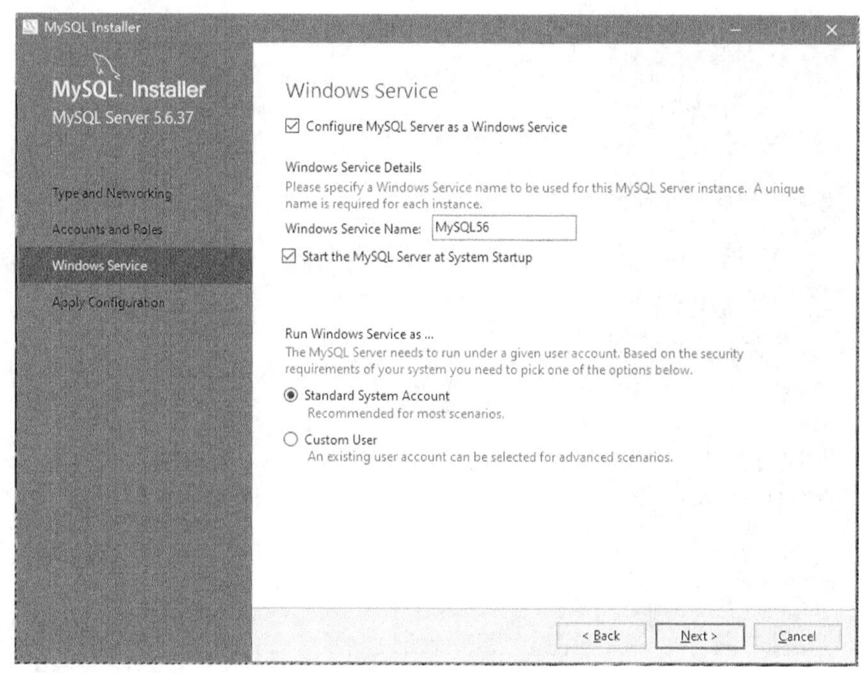

图 13-11 系统服务配置

进入“Apply Configuration”页面，进行应用配置，如图 13-12 所示，单击“Execute”按钮。

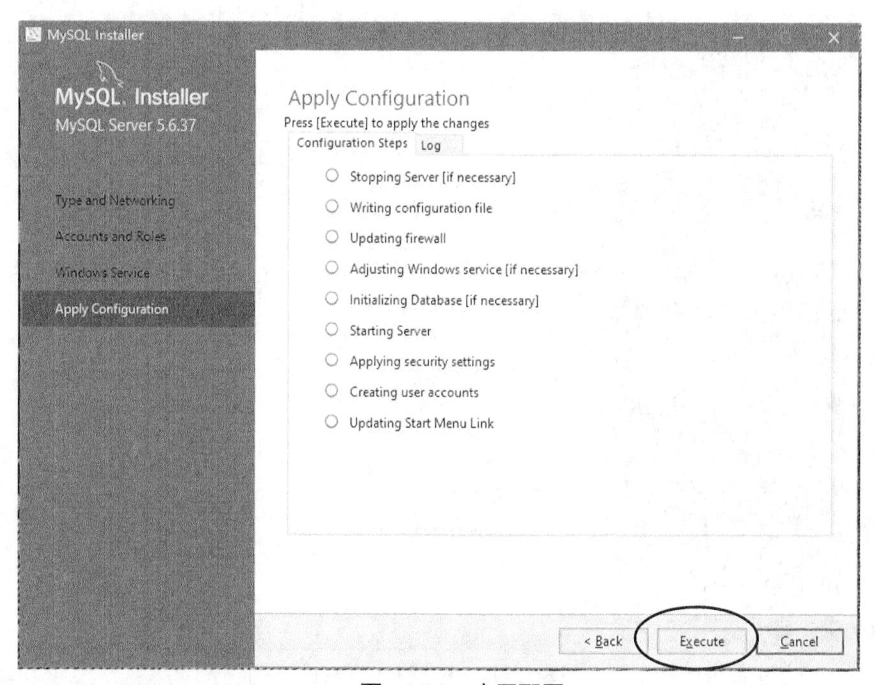

图 13-12 应用配置

配置完成之后单击“Finish”按钮，如图 13-13 所示。

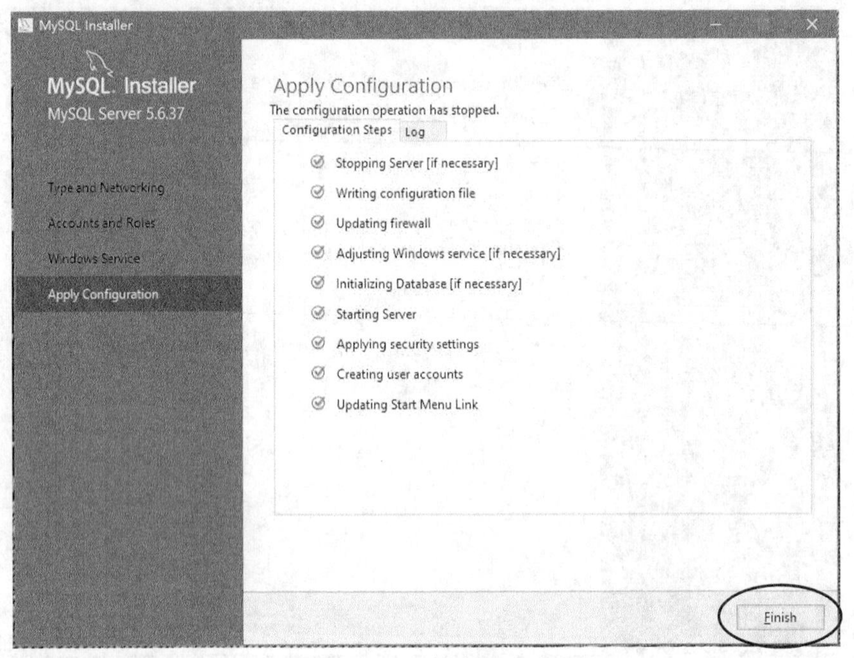

图 13-13　配置完成

配置 MySQL 的实例，如图 13-14 所示，单击“Next”按钮后，依次单击“Check”→“Next”→“Execute”按钮。

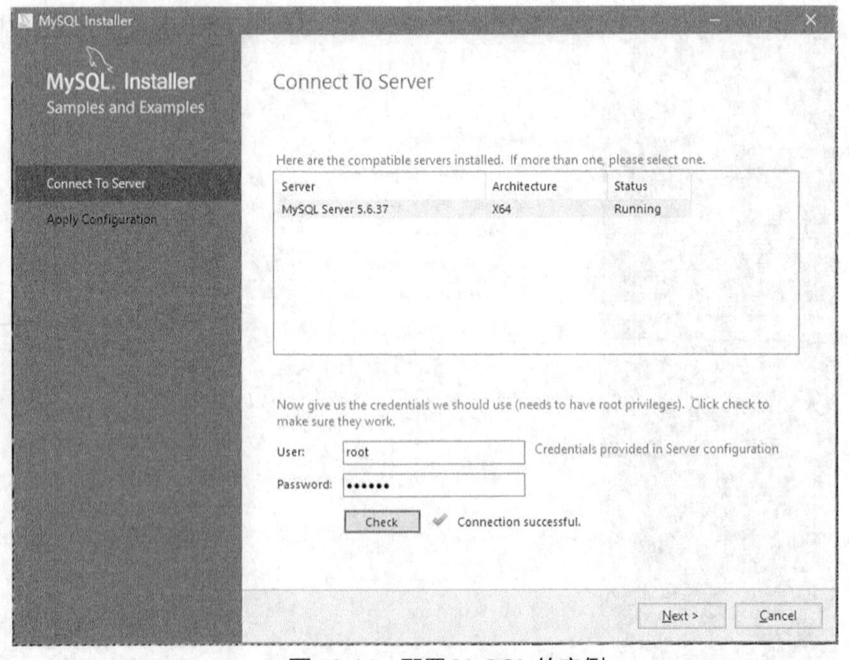

图 13-14　配置 MySQL 的实例

配置完毕之后单击“Finish”按钮，回到主程序，单击“Next”按钮，如图 13-15 所示，安装完成。

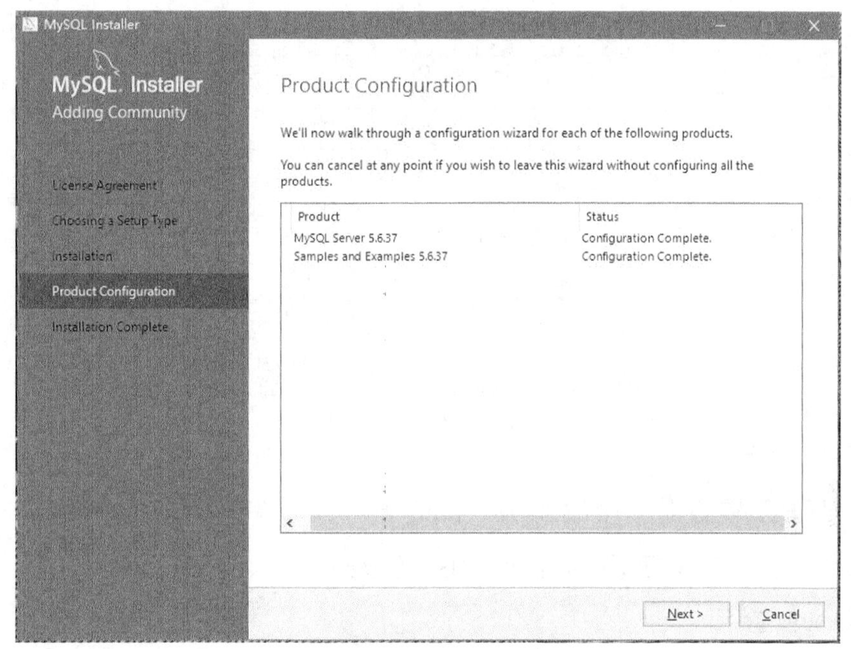

图 13-15 安装完成

安装完成后，单击“Finish”按钮。

13.2 JDBC

Java 通过自己独有的方式来访问与操作数据库。

V13-1 JDBC 编程

13.2.1 JDBC 的概念

Java 数据库连接（Java Database Connectivity，JDBC）是一种用于执行 SQL 语句的 Java API，它可以为多种关系数据库提供统一访问，由一组用 Java 语言编写的类与接口组成。JDBC 提供了一种基准，据此可以构建更高级的工具与接口，使数据库开发人员能够编写数据库应用程序。

13.2.2 JDBC 的原理

早期 Sun 公司的程序员想编写一套可以连接所有数据库的 API,但是当他们刚刚开始编写时就发现这是不可能完成的任务，因为各个厂商的数据库服务器差异太大了。后来 Sun 公司开始与数据库厂商讨论，最终得出的方案——由 Sun 公司提供一套访问数据库的规范（即一组接口），并提供连接数据库的协议标准，各个数据库厂商会遵循 Sun 公司的规范提供一套访问自己公司的数据库服务器的 API。Sun 公司提供的规范命名为 JDBC，而各个厂商提供遵循了 JDBC 规范且可以访问自己数据库的 API 被称之为驱动，如图 13-16 所示。

JDBC 是接口，而 JDBC 驱动才是接口的实现，没有驱动就无法完成数据库连接。每个数据库厂商都有自己的驱动，用来连接自己公司的数据库。当然，也有第三方公司专门为某一数据库提供的驱动，这样的驱动往往不是开源免费的。

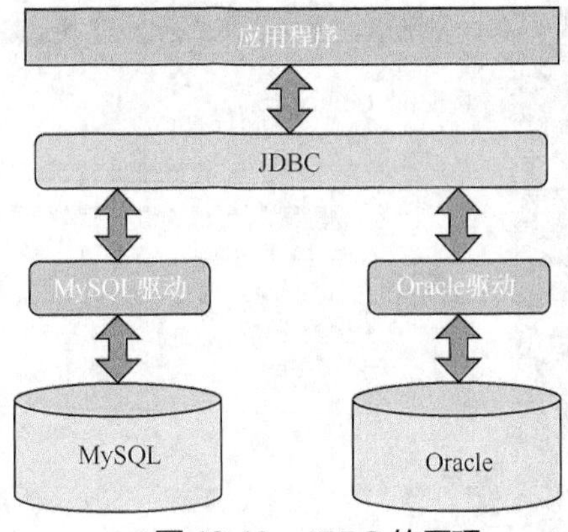

图 13-16　JDBC 的原理

13.2.3　JDBC 核心类（接口）

任何数据库的 JDBC 连接都是基于以下几个核心类（接口）的。

1. Driver 接口

Driver 接口由数据库厂商提供。作为 Java 开发人员，只需要使用 Driver 接口即可。在编程中要想连接数据库，必须先装载特定厂商的数据库驱动程序，不同的数据库有不同的装载方法。

装载 MySQL 驱动的示例代码如下。

```
Class.forName("com.mysql.jdbc.Driver");
```

需要注意的是，要提前在项目中下载并加载当前数据库环境的 JDBC 驱动 JAR 包。

2. Connection 接口

Connection 对象表示与特定数据库的连接，使用静态方法 getConnection 获得。getConnection 方法建立在 JDBC URL 中定义的数据库 Connection 连接上。

连接 MySQL 数据库的示例代码如下。

```
// host 指的是数据库服务器的 IP 地址，如果是本机，则为 localhost 或者为 127.0.0.1
// port 指的是数据库端口，默认为 3306
Connection conn = DriverManager.getConnection("jdbc:mysql://host:port/database",
"user", "password");
```

Connection 常用方法如下。

① createStatement()：创建向数据库发送 SQL 的 Statement 对象。

② prepareStatement(String sql)：创建向数据库发送预编译 SQL 的 PrepareSatement 对象。

③ prepareCall(String sql)：创建执行存储过程的 callableStatement 对象。

④ setAutoCommit(boolean autoCommit)：设置事务是否自动提交。

⑤ commit()：在此连接上提交事务。

⑥ rollback()：在此连接上回滚事务。

3. Statement 接口

Statement 接口用于执行静态 SQL 语句并返回它所生成结果的对象，有以下 3 种类型。

① Statement：由 createStatement 创建，用于发送简单的 SQL 语句（不带参数）。

② PreparedStatement：继承自 Statement 接口，由 preparedStatement 方法创建，用于发送含有一个或多个参数的 SQL 语句。PreparedStatement 对象比 Statement 对象的效率更高，并且可以防止 SQL 注入，所以一般使用 PreparedStatement。

③ CallableStatement：继承自 PreparedStatement 接口，由 prepareCall 方法创建，用于调用存储过程。

获取到 Statement 对象以后即可调用一些常用方法来对数据库进行增、删、改、查等操作，常用方法如下。

① execute(String sql)：运行语句，返回是否有结果集。

② executeQuery(String sql)：运行 select 语句，返回 ResultSet 结果集。

③ executeUpdate(String sql)：运行 insert/update/delete 操作，返回更新的行数。

④ addBatch(String sql)：把多条 SQL 语句放到一个批处理中。

⑤ executeBatch()：向数据库发送一批 SQL 语句并执行这些语句。

4. ResultSet 接口

ResultSet 用于检索不同类型的字段，通常作为查询的返回结果，常用方法如下。

① getString(int index)、getString(String columnName)：获得数据库中类型为 varchar、char 等的数据对象。

② getFloat(int index)、getFloat(String columnName)：获得数据库中类型为 float 的数据对象。

③ getDate(int index)、getDate(String columnName)：获得数据库中类型为 date 的数据。

④ getBoolean(int index)、getBoolean(String columnName)：获得数据库中类型为 boolean 的数据。

⑤ getObject(int index)、getObject(String columnName)：获取数据库中任意类型的数据。

ResultSet 还提供了对结果集进行滚动的方法。

① next()：移动到下一行。

② previous()：移动到前一行。

③ absolute(int row)：移动到指定行。

④ beforeFirst()：移动 ResultSet 的最前面。

⑤ afterLast()：移动到 ResultSet 的最后面。

13.2.4 编写 JDBC 代码

下面通过若干步骤编写 JDBC 的代码。

1. 准备开发包

需要从之前的官方网站下载需要的驱动压缩包，解压出其中 JAR 格式的库文件，并将其导入到项目工程中。

在此例中，MySQL 数据库连接的用户名是 root，密码是 123456，端口是 3306（默认），内有一个新建的名为 student 的数据库，student 内有一个新建的表为 stuinfo。

2. 准备测试数据

为了测试代码，需要先建立一张以学生信息为背景的数据表格，见表 13-2。

表 13-2　测试数据表结构

字　段	类　型	说　明
id	CHAR(12)	学号
name	CHAR(12)	姓名
age	INT	年龄

数据库创建脚本如下。

```
-- 创建一个数据库，数据库名为 student
CREATE DATABASE student;
-- 查看数据库
SHOW databases;
-- 使用名为 student 的数据库
USE student;
-- 创建一个表，表名为 stuinfo
CREATE TABLE stuinfo(id CHAR(12),name CHAR(20),age INT);
-- 查看表
SHOW TABLES;
-- 插入一条记录到 stuinfo 中
INSERT INTO stuinfo VALUES('201307020010','zhangsan',21);
```

3. 将数据库驱动开发包引入到项目工程中

新建一个 Java 项目，在项目工程中新建一个名为“lib”的文件夹，并将“mysql-connector-java-x.x.xx.jar”文件复制到该文件夹中，即引入 MySQL 驱动包，如图 13-17 所示。

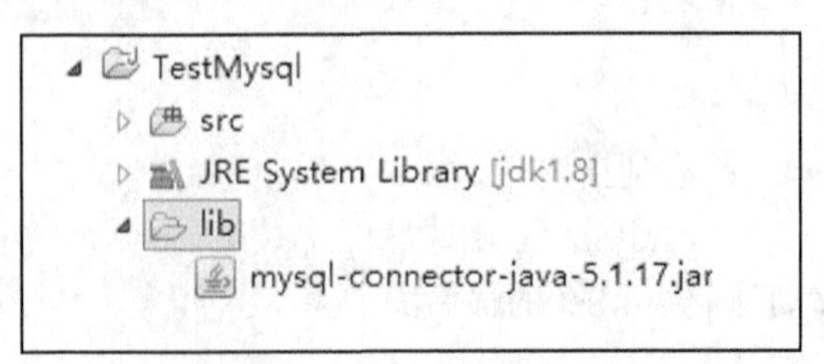

图 13-17　引入MySQL 驱动包

右键单击项目，在弹出的快捷菜单中选择“Properties”选项，弹出其属性对话框，选择“Java Build Path”选项，选择“Libraries”选项卡，单击“Add JARs”按钮，添加 MySQL 驱动包到项目环境中，如图 13-18 所示。

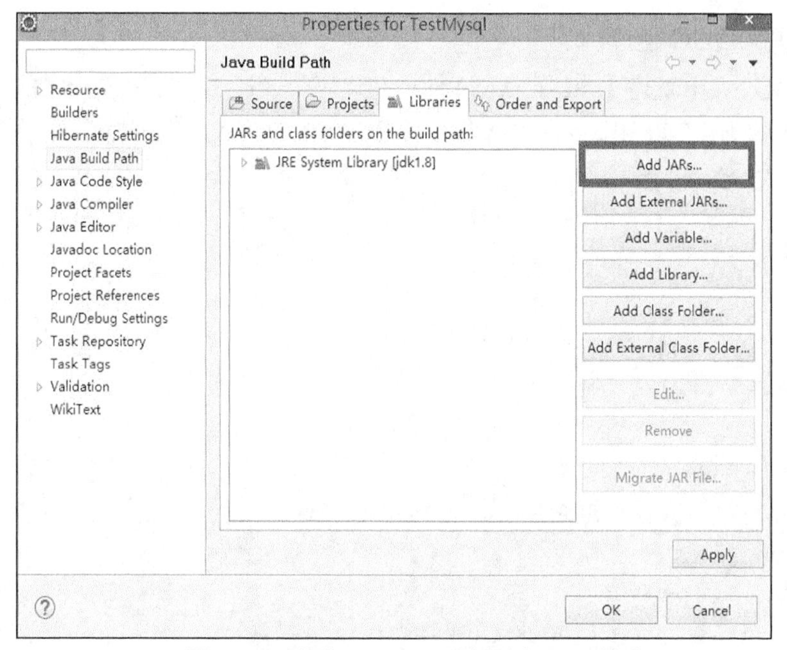

图 13-18　添加 MySQL 驱动包到项目环境中

选择 lib 文件夹下的 JAR 包，即选择需要引入的驱动包，如图 13-19 所示。

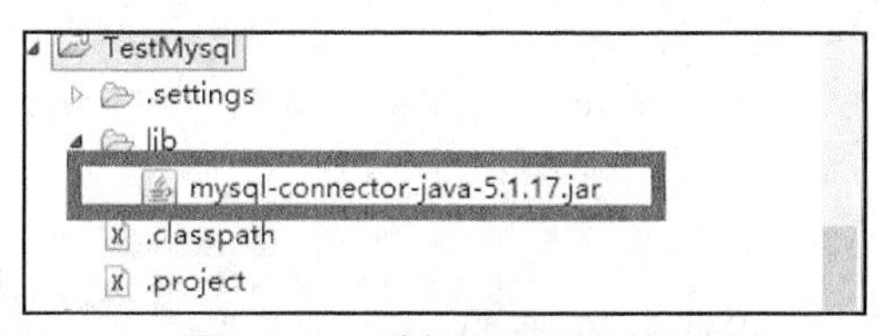

图 13-19　选择需要引入的驱动包

单击“OK”按钮后，即可成功添加开发包到环境中，如图 13-20 所示。

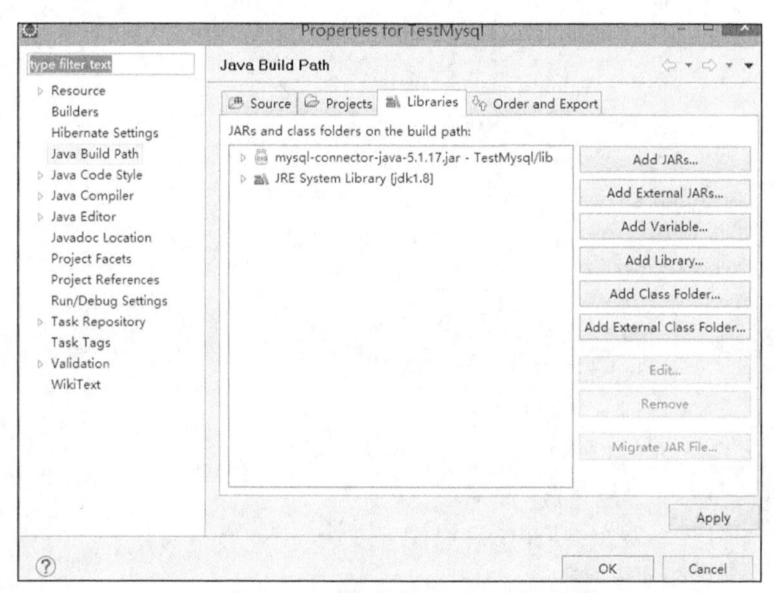

图 13-20　成功添加开发包到环境中

4. 编写 JDBC 程序代码

在 src 文件夹中新建 TestDB.java 文件，在代码中通过 JDBC 来连接之前的 MySQL 数据库进行相关操作（此例中包含数据表的创建、数据的插入与查询操作），示例代码如下。

```
package com.jason.jdbc;

import java.sql.Connection;
import java.sql.DriverManager;
import java.sql.PreparedStatement;
import java.sql.SQLException;

import java.sql.ResultSet;
import java.sql.Statement;

public class TestDB {
    public static void main(String[] args) {
        Connection conn = null;
        // MySQL 的 JDBC 连接语句
        // URL 编写格式如下。jdbc:mysql://主机名称:连接端口/数据库的名称?参数=值
        String url = "jdbc:mysql://localhost:3306/student?user=root&password=
123456";
        try {
            Class.forName("com.mysql.jdbc.Driver");  // 加载驱动
            conn = DriverManager.getConnection(url); // 获取数据库连接
            try {
                createTable(conn); // 创建表
            } catch (Exception e) {
                System.out.println("建表异常！" + e);
            }
            insert(conn); // 插入一条数据
            insert(conn); // 插入一条数据
            update(conn); // 更新数据
            query(conn);  // 查询数据
            delete(conn); // 删除数据
            query(conn);  // 查询数据
            conn.close(); // 关闭数据库连接
        } catch (Exception e) {
            System.out.println("代码或数据库异常" + e);
        }
```

```
    }

    /**
     * 创建表
     *
     * @param conn 数据库连接对象
     * @throws SQLException 异常统一抛出到 main 方法中进行处理
     */
    private static void createTable(Connection conn) throws SQLException {
        // 创建表的 SQL 语句
        String sql = "CREATE TABLE stuinfo(id CHAR(12),name CHAR(20),age INT);";
        // 使用 Statement 来执行 SQL 语句
        Statement state = conn.createStatement();
        // 执行操作
        state.execute(sql);
        // 关闭 Statement
        state.close();
    }

    /**
     * 插入一条数据
     *
     * @param conn 数据库连接对象
     * @throws SQLException 异常统一抛出到 main 方法中进行处理
     */
    private static void insert(Connection conn) throws SQLException {
        // 插入数据的 SQL 语句
        String sql = "INSERT INTO stuinfo VALUES('201307020010','lisi',22);";
        // 使用 Statement 来执行 SQL 语句
        Statement state = conn.createStatement();
        // 执行数据更新操作
        int result = state.executeUpdate(sql);
        // 显示结果
        System.out.println("成功插入" + result + "条数据！");
        // 关闭 Statement
        state.close();
    }

    /**
```

```
     * 删除数据
     *
     * @param conn 数据库连接对象
     * @throws SQLException 异常统一抛出到 main 方法中进行处理
     */
    private static void delete(Connection conn) throws SQLException {
        // 插入数据 SQL 语句，使用?表示占位符
        String sql = "DELETE FROM stuinfo WHERE id=?;";
        // 使用 PreparedStatement 来预加载 SQL 语句
        PreparedStatement ps = conn.prepareStatement(sql);
        // 参数一：预加载的 SQL 语句中?的序号
        // 参数二：?的数据
        ps.setString(1, "201307020010");
        // 执行更新操作
        int result = ps.executeUpdate();
        // 显示结果
        System.out.println("成功删除" + result + "条数据！");
        // 关闭 Statement
        ps.close();
    }

    /**
     * 更改数据
     *
     * @param conn 数据库连接对象
     * @throws SQLException 异常统一抛出到 main 方法中进行处理
     */
    private static void update(Connection conn) throws SQLException {
        // 插入数据的 SQL 语句，使用?表示占位符
        String sql = "UPDATE stuinfo SET name=?,age=? WHERE id=?;";
        // 使用 PreparedStatement 来预加载 SQL 语句
        PreparedStatement ps = conn.prepareStatement(sql);
        // 参数一：预加载的 SQL 语句中?的序号
        // 参数二：?的数据
        ps.setString(1, "Jason");
        ps.setInt(2, 27);
        ps.setString(3, "201307020010");
        // 执行更新操作
        int result = ps.executeUpdate();
```

```
        // 显示结果
        System.out.println("成功更改" + result + "条数据! ");
        // 关闭 Statement
        ps.close();
    }

    /**
     * 查询数据
     *
     * @param conn 数据库连接对象
     * @throws SQLException 异常统一抛出到 main 方法中进行处理
     */
    private static void query(Connection conn) throws SQLException {
        // 查询语句
        String sql = "SELECT * FROM stuinfo;";
        // 使用 Statement 来执行 SQL 语句
        Statement state = conn.createStatement();
        // 执行查询操作
        ResultSet rs = state.executeQuery(sql);
        // 遍历结果
        while (rs.next()) {
            // 通过字段名称获得字段值
            String id = rs.getString("id");
            String name = rs.getString("name");
            int age = rs.getInt("age");
            // 输出一条结果
             System.out.println(id + "-" + name + "-" + age);
        }
        // 关闭 ResultSet
        rs.close();
        // 关闭 Statement
        state.close();
    }
}
```

运行结果如下。

```
建表异常! com.mysql.jdbc.exceptions.jdbc4.MySQLSyntaxErrorException: Table 'stuinfo' already exists
成功插入 1 条数据!
```

```
成功插入 1 条数据!
成功更改 3 条数据!
201307020010-Jason-27
201307020010-Jason-27
201307020010-Jason-27
成功删除 3 条数据!
```

值得注意的是，之所以建表失败是由于之前已经执行过一次数据库创建脚本，提示信息也已经说明了这一点。

13.2.5 SQL 注入问题

应用程序与数据库层会出现安全漏洞，SQL 注入是一种典型问题。

1. 什么是 SQL 注入

SQL 注入是在输入的字符串之中注入 SQL 指令，若在设计不良的程序中忽略了字符检查，那么这些注入进去的恶意指令会被数据库服务器误认为是正常的 SQL 指令而运行，因此遭到破坏或入侵。

2. SQL 注入案例

创建一张用户表 user，用来存储用户的信息，数据库创建脚本如下。

```
CREATE TABLE user(
 Uid CHAR(32) PRIMARY KEY,
 username VARCHAR(30) UNIQUE KEY NOT NULL,
 password VARCHAR(30)
);
INSERT INTO user VALUES('U_1001', 'zs', 'zs');
```

现在用户表中只有一行记录 zs。

使用 JDBC 登录数据库的示例代码如下。

```
public void login(String username, String password) {
     Connection con = null;
     Statement stmt = null;
     ResultSet rs = null;
     try {
         String url = "jdbc:mysql://localhost:3306/student?user=
root&password=123456";
         // 数据库执行的语句
          Class.forName("com.mysql.jdbc.Driver");        // 加载驱动
          conn = DriverManager.getConnection(url);       // 获取数据库连接
          stmt = con.createStatement();
          String sql = "SELECT * FROM user WHERE " +
                    "username='" + username +
```

```
                    "' and password='" + password + "'";
            rs = stmt.executeQuery(sql);
            if(rs.next()) {
                System.out.println("欢迎" + rs.getString("username"));
            } else {
                System.out.println("用户名或密码错误！");
            }
        } catch (Exception e) {
            throw new RuntimeException(e);
        } finally {
            try {
                if (rs != null)
                    rs.close();          // 关闭结果数据集
                if (stmt != null)
                    stmt.close();        // 关闭执行环境
                if (conn != null)
                    conn.close();        // 关闭数据库连接
            } catch (SQLException e) {
                e.printStackTrace();
            }
        }
    }
```

传入以下参数，调用 login 方法。

```
login("a' or 'a'='a", "a' or 'a'='a");
```

结果会登录成功，因为输入的用户名与密码是 SQL 语句片段，它们最终与 login 方法中的 SQL 语句组合在一起，生成如下 SQL 语句。

```
SELECT * FROM tab_user WHERE username='a' or 'a'='a' and password='a' or 'a'='a'
```

3. 如何解决 SQL 注入

① 查询用户输入的数据中是否包含非法字符。

② 分步校验。先使用用户名来查询用户，如果能查找到，再比较密码。

③ 使用 PreparedStatement。

4. PreparedStatement 的使用

使用 Connection 的 prepareStatement(String sql)方法可以对 SQL 语句（通常包含“?”作为占位符）进行预加载并返回 PreparedStatement 对象。PreparedStatement 对象可以调用 setInt、setString 等一系列方法并为“?”设置具体的数值。

调用 PreparedStatement 的 executeUpdate、executeQuery 等方法将预加载的 SQL 语句输入到数据库中执行。

示例代码如下。

```
String sql = "select * from person where id =?";
PreparedStatement pstmt = con.prepareStatement(sql);
pstmt.setInt(1,1);
ResultSet rs = pstmt.executeQuery();
rs.close();
pstmt.clearParameters(); // 再次使用的时候，清空参数集合
pstmt.setString(1, 2);
rs = pstmt.executeQuery();
```

PreparedStatement 无论从安全性还是准确度上都优于 Statement，建议读者在开发的过程中使用 PreparedStatement 来代替 Statement。

13.2.6　批处理

有时需要向数据库中发送并执行一批 SQL 语句，此时应避免向数据库逐条发送及执行，应采用 JDBC 的批处理机制，以提高执行效率。

实现批处理有以下两种方式。

1. 使用 PreparedStatement 对象

首先，执行预编译的 SQL 语句；其次，调用 PreparedStatement 对象的 addBatch 方法添加批次参数；最后，调用 executeBatch 方法执行批处理。

2. 使用 Statement 对象

先调用 Statement 的 addBatch 方法添加多条需要被执行的 SQL 语句，再调用 executeBatch 方法执行批处理。

在数据库中新建测试表 tusers，其结构见表 13-3。

表 13-3　测试表 tusers 的结构

字　段	类　型	说　明
id	INT	编号（主键，自增）
username	VARCHAR(32)	用户名
password	VARCHAR(32)	密码

数据库创建脚本如下。

```
CREATE TABLE tusers(
id INT PRIMARY KEY AUTO_INCREMENT,
username VARCHAR(32),
password VARCHAR(32)
);
```

批处理的示例代码如下。

```
Connection conn = null;
        String url = "jdbc:mysql://localhost:3306/student?user=
root&password=123456";
```

```
        try {
            Class.forName("com.mysql.jdbc.Driver");
            conn = DriverManager.getConnection(url);
            String sql = "insert into tusers(username,password) values(?,?)";
            PreparedStatement pstmt = conn.prepareStatement(sql);
            for (int i = 0; i < 10; i++) {
                pstmt.setString(1, "tom" + i);
                pstmt.setString(2, "123456");
                pstmt.addBatch();
            }
            pstmt.executeBatch();
            conn.close();
        } catch (Exception e) {
            System.out.println("代码或数据库异常" + e);
        }
```

13.3 事务管理

13.3.1 事务的概念

事务是指访问并可能更新数据库中各种数据项的一个程序执行单元，是恢复和并发控制的基本单位。

例如，张三希望通过银行转账将 1000 元转移到李四的账户中，这需要执行以下两条 SQL 语句。

① 给张三的账户减去 1000 元。

② 给李四的账户加上 1000 元。

如果第一条 SQL 语句执行成功后，在执行第二条 SQL 语句之前，程序被中断（由于抛出异常等）了，结果是李四的账户没有加上 1000 元，而张三的账户却减去了 1000 元，这显然是不合适的。

上面就是一个事务的例子，一个事务中的多个操作要么完全成功，要么完全失败，即不可能存在部分成功的情况。

13.3.2 事务的特性

事务拥有的特性如下。

1. 原子性

原子性（Atomicity）：事务中的所有操作都是不可再分割的原子单位，要么全部执行成功，要么全部执行失败。

2. 一致性

一致性（Consistency）：事务执行后，数据库状态与其他业务规则保持一致，如转账业务，无论事务执行成功与否，参与转账的两个账户余额之和应该是不变的。

3. 隔离性

隔离性（Isolation）：在并发操作中，不同事务之间应该隔离开来，使每个并发中的事务不会相互干扰。

4. 持久性

持久性（Durability）：一旦事务提交成功，事务中所有的数据操作都必须被持久化到数据库中，即使提交事务后数据库马上崩溃，在数据库重启时也必须保证通过某种机制恢复数据。

13.3.3 事务隔离级别

数据库的唯一性与多用户下的并发操作等因素会导致一些问题发生，人们提出了使用隔离级别的概念来规避这些问题。

1. 并发事务问题

数据库的唯一性与多用户下的并发操作等因素会导致 5 类问题产生，其中 2 类是更新问题，3 类是读问题。本书仅介绍 3 类读问题。

（1）脏读

脏读指读到另一个事务的未提交更新数据，即读取到了脏数据。

示例如下。

```
事务 1：张三给李四转账 1000 元
事务 2：李四查看自己的账户
t1：事务 1——开始事务
t2：事务 1——张三给李四转账 1000 元
t3：事务 2——开始事务
t4：事务 2——李四查看自己的账户，看到账户多出 1000 元（脏读）
t5：事务 2——提交事务
t6：事务 1——回滚事务，回到转账之前的状态
```

（2）不可重复读

不可重复读指对同一记录的两次读取结果不一致，因为另一事务对该记录做了修改。

示例如下。

```
事务 1：酒店查看两次 1048 号房间状态
事务 2：预订 1048 号房间
t1：事务 1——开始事务
t2：事务 1——查看 1048 号房间状态为空闲
t3：事务 2——开始事务
t4：事务 2——预定 1048 号房间
t5：事务 2——提交事务
t6：事务 1——再次查看 1048 号房间状态为使用
t7：事务 1——提交事务
对同一记录的两次查询结果不一致！
```

（3）幻读

幻读（也称为虚读）指对同一张表的两次查询结果不一致，因为另一事务向表中插入了一条记录。

示例如下。

```
事务 1：对酒店房间预订记录进行两次统计
事务 2：添加一条预订房间记录
t1：事务 1——开始事务
t2：事务 1——统计预订记录时为 100 条
t3：事务 2——开始事务
t4：事务 2——添加一条预订房间记录
t5：事务 2——提交事务
t6：事务 1——再次统计预订记录时为 101 条
t7：事务 1——提交
对同一表的两次查询结果不一致！
```

不可重复读与幻读的区别：不可重复读是读取到了另一事务的更新数据，幻读是读取到了另一事务的插入数据。

2. 四大隔离级别

针对上面的 3 种并发读问题，人们提出了使用隔离级别的概念来规避，但这并不能彻底解决问题。

事务的隔离级别分为 4 个等级：串行化（Serializable）、可重复读（Repeatable Read）、读已提交数据（Read Committed）、读未提交数据（Read Uncommitted）。

在相同数据环境下，使用相同的输入执行相同的工作，根据不同的隔离级别可以导致不同的结果。不同事务隔离级别能够解决的数据并发问题的能力是不同的，按照性能由低到高排序如下。

① Serializable：不会出现任何并发问题，因为它对同一数据的访问是串行的。

② Repeatable Read：可以防止脏读与不可重复读，不能处理幻读问题，是 MySQL 的默认隔离级别。

③ Read Committed：可以防止脏读，不能处理不可重复读与幻读问题。

④ Read Uncommitted：可能出现任何事务并发问题。

13.3.4 JDBC 的事务管理

在数据库中新建测试表 account，其结构见表 13-4。

表 13-4 测试表 account 的结构

字　段	类　型	说　明
id	INT	编号（主键，自增）
name	VARCHAR(32)	姓名
balance	DECIMAL(8,2)	存款

数据库创建脚本如下。

```
CREATE TABLE account(
 id INT PRIMARY KEY AUTO_INCREMENT,
 name VARCHAR(32),
 balance DECIMAL(8,2)
);
-- 插入两条数据
INSERT INTO account(name,balance) VALUES('Peter',600);
INSERT INTO account(name,balance) VALUES('Jerry',600);
```

示例代码如下。

```
String url = "jdbc:mysql://localhost:3306/student?user=root&password=123456";
Class.forName("com.mysql.jdbc.Driver");
Connection conn = DriverManager.getConnection(url);
// 必须在 connection 上设置事务是否自动提交，默认是 true，现修改为 false
conn.setAutoCommit(false);
String sql1 = "UPDATE account SET balance = balance - ? WHERE name= ? ;";
String sql2 = "UPDATE account SET balance = balance + ? where name= ? ;";
BigDecimal bd = new BigDecimal(100);
PreparedStatement ps = conn.prepareStatement(sql1);
ps.setBigDecimal(1, bd);
ps.setString(2, "Jerry");
ps.executeUpdate(); // 提交 SQL 语句
if (bd.equals(new BigDecimal(100))) {
    throw new RuntimeException("故意抛出运行时异常");
}
ps = conn.prepareStatement(sql2);
ps.setBigDecimal(1, bd);
ps.setString(2, "Peter");
ps.executeUpdate();
// 事务的提交
conn.commit();
conn.close();
```

可以发现，上述程序执行到一半的时候就因为异常中断了，但是查看 account 中的数据时发现没有发生任何变化。

小结

若学习本章内容时觉得困难，则建议读者先自行学习 SQL 语句，因为 JDBC 是一种通过 Java 语言执行 SQL 语句的技术，本章使用的是 MySQL 数据库，但是 JDBC 同样适用于其他主流数据库，其操作步骤也是相同的。数据库是计算机编程领域的基本知识，希望读者引起重视。

思考与练习

1．尝试使用 JDBC 连接其他数据库。

2．Statement 和 PreparedStatement 的区别是什么？

第14章 综合案例

读者对于基础知识点已经有了一定的理解，但是要完整地将所学知识融会贯通，还需要具体项目的练习。本章将通过一个综合案例的实现，帮助读者更好地掌握 Java 基础。

本章要点

- 综合案例

14.1 项目背景

V14-1 项目疏理

实现一个基于命令行窗口的学生信息管理系统，开发环境如下。

① 数据库为 MySQL 5.7。

② JDK 1.8。

③ 开发工具为 Eclipse。

14.1.1 项目功能

在进入系统时，显示如下菜单。

```
**************************************************
=====欢迎进入学生信息管理系统=====
1. 新增学生信息
2. 修改学生信息
3. 删除学生信息
4. 查询学生信息
5. 退出系统
请选择(1–5):
```

用户可以通过键盘输入使用此系统。

14.1.2 数据库设计

在数据库中新建学生表 stu，其结构见表 14-1。

表 14-1 学生表的结构

字段名	类型	备注
stu_no	VARCHAR(50)	学号
stu_name	VARCHAR(50)	姓名
phone	VARCHAR(50)	手机号

数据库创建脚本如下。

```
CREATE TABLE stu(
 stu_no VARCHAR(50),
 stu_name VARCHAR(50),
 phone VARCHAR(50)
);
```

14.1.3 实现思路

① 定义一个学生管理类，内有增、删、改、查 4 个方法。
② 在 main 方法中实例化学生管理类，并根据菜单的选项分别调用 4 个方法。
③ 使用 PreparedStatement 为参数赋值。

14.2 实现过程

通过独立的 5 个类的讲解来实现整个项目过程。

14.2.1 学生类 Stu.java

创建一个学生类 Stu，用于保存一个学生的所有信息，按照 JavaBean 的标准设计，包含学号、姓名与手机号 3 个成员变量，分别对应数据库中的 3 个字段。

示例代码如下。

```
package com.jason.stu;

// 实体类，封装学生类数据
public class Stu {
    private String no;     // 学号
    private String name;   // 姓名
    private String phone;  // 手机号

    // getter & setter
    public String getNo() {
        return no;
    }
```

```
    public void setNo(String no) {
        this.no = no;
    }

    public String getName() {
        return name;
    }

    public void setName(String name) {
        this.name = name;
    }

    public String getPhone() {
        return phone;
    }

    public void setPhone(String phone) {
        this.phone = phone;
    }

    public Stu() {
    }

    public Stu(String no, String name, String phone) {
        this.no = no;
        this.name = name;
        this.phone = phone;
    }
}
```

14.2.2 数据库工具类 DBUtil.java

因为项目中会频繁连接数据库，因此将数据库连接的代码写成一个工具类 DBUtil，以方便项目调用。

示例代码如下。

```
package com.jason.stu;

import java.sql.Connection;
import java.sql.DriverManager;
```

```
import java.sql.ResultSet;
import java.sql.SQLException;
import java.sql.Statement;

public class DBUtil {
    private static final String DRIVER_NAME = "com.mysql.jdbc.Driver";
    private static final String URL = "jdbc:mysql://localhost:3306/project";
    private static final String USER = "root";
    private static final String PASS = "123456";

    public static Connection getCon() throws ClassNotFoundException, SQ
LException {
        Connection con = null;
        Class.forName(DRIVER_NAME);
        con = DriverManager.getConnection(URL, USER, PASS);
        return con;
    }

    public static void close(Connection con, Statement stmt, ResultSet rs) {
        try {
            if (rs != null) {
                rs.close();
            }
            if (stmt != null) {
                stmt.close();
            }
            if (con != null) {
                con.close();
            }
        } catch (SQLException e) {
            e.printStackTrace();
        }
    }
}
```

14.2.3 数据存储类 StuDao.java

数据库存储类 StuDao 封装了对数据的各种操作，包含数据库的增、删、改、查，是此项目中最核心的类。

示例代码如下。

```
package com.jason.stu;

// 学生管理数据访问对象 StuDao
import java.sql.Connection;
import java.sql.PreparedStatement;
import java.sql.ResultSet;
import java.sql.SQLException;
import java.util.ArrayList;
import java.util.List;

public class StuDao {
     private Connection con;
     private PreparedStatement pstmt;
     private ResultSet rs;

     // 添加学生信息
     public boolean add(Stu stu) {
          String sql = "insert into stu(stu_no,stu_name,phone) values(?,
?,?)";
          try {
            con = DBUtil.getCon();
              pstmt = con.prepareStatement(sql);
              pstmt.setString(1, stu.getNo());
              pstmt.setString(2, stu.getName());
              pstmt.setString(3, stu.getPhone());
              pstmt.executeUpdate();
          } catch (ClassNotFoundException e) {
              e.printStackTrace();
              return false;
          } catch (SQLException e) {
              e.printStackTrace();
              return false;
          } finally {
              DBUtil.close(con, pstmt, rs);
          }
          return true;
     }

     // 查看学生列表（1 显示所有学生信息）
```

```
    public List<Stu> list() {
        List<Stu> list = new ArrayList<Stu>(); // ArrayList 是线性列表

        String sql = "select * from stu";

        try {
            con = DBUtil.getCon();
            pstmt = con.prepareStatement(sql);
            //pstmt.executeUpdate();          // 用于增、删、改
            rs = pstmt.executeQuery();        // 用于查询
            while (rs.next()) {

                //Stustu=new Stu(rs.getString("stu_no"),rs.getString(
"stu_name"),rs.getString("phone"));
                // 上述写法亦可为
                Stu stu = new Stu();
                stu.setNo(rs.getString("stu_no"));
                stu.setName(rs.getString("stu_name"));
                stu.setPhone(rs.getString("phone"));

                list.add(stu);
            }
        } catch (ClassNotFoundException e) {
            e.printStackTrace();
        } catch (SQLException e) {
            e.printStackTrace();
        } finally {
            DBUtil.close(con, pstmt, rs);
        }
        return list;
    }

    // 查看学生列表（2 根据学生学号显示学生信息）
    public Stu findSomeone(String no) {
        Stu stu = null;
        String sql = "select * from stu where stu_no=?";

        try {
            con = DBUtil.getCon();
```

```
                pstmt = con.prepareStatement(sql);
                //pstmt.executeUpdate();// 用于增、删、改
                pstmt.setString(1, no);
                rs = pstmt.executeQuery();// 用于查询
                while (rs.next()) {

                    //Stustu=new Stu(rs.getString("stu_no"),rs.getString("
stu_name"),rs.getString("phone"));
                    // 上述写法亦可为
                    stu = new Stu();
                    stu.setNo(rs.getString("stu_no"));
                    stu.setName(rs.getString("stu_name"));
                    stu.setPhone(rs.getString("phone"));
                }
            } catch (ClassNotFoundException e) {
                e.printStackTrace();
            } catch (SQLException e) {
                e.printStackTrace();
            } finally {
                DBUtil.close(con, pstmt, rs);
            }
            return stu;
        }

        // 修改学生信息
        public boolean update(Stu stu) {
            String sql = "update stu set stu_name=?,phone=? wherestu_no=?";
            try {
                con = DBUtil.getCon();
                pstmt = con.prepareStatement(sql);
                pstmt.setString(3, stu.getNo());
                pstmt.setString(1, stu.getName());
                pstmt.setString(2, stu.getPhone());
                pstmt.executeUpdate();
            } catch (ClassNotFoundException e) {
                e.printStackTrace();
                return false;
            } catch (SQLException e) {
                e.printStackTrace();
```

```
            return false;
        } finally {
            DBUtil.close(con, pstmt, rs);
        }
        return true;
    }

    // 删除学生信息
    public boolean del(String id) {
        String sql = "delete from stu where stu_no=?";
        try {
            con = DBUtil.getCon();
            pstmt = con.prepareStatement(sql);
            pstmt.setString(1, id);

            pstmt.executeUpdate();
        } catch (ClassNotFoundException e) {
            e.printStackTrace();
            return false;
        } catch (SQLException e) {
            e.printStackTrace();
            return false;
        } finally {
            DBUtil.close(con, pstmt, rs);
        }
        return true;
    }
}
```

14.2.4　用户交互菜单类 StuManage.java

StuManage 类主要包含程序与用户在命令行窗口中的交互逻辑，相当于视图层。示例代码如下。

```
package com.jason.stu;

// 学生信息管理系统的菜单选择
import java.util.List;
import java.util.Scanner;

public class StuManage {
```

```
    public void menu() {
        // 1.输出菜单
        // 2.输入菜单
        // 3.switch 菜单选择
        int choose;
        do {
            System.out.println("******************************");
            System.out.println("=======欢迎进入学生信息管理系统=======");
            System.out.println("1.新增学生信息");
            System.out.println("2.修改学生信息");
            System.out.println("3.删除学生信息");
            System.out.println("4.查询学生信息");
            System.out.println("5.退出系统");
            System.out.println("请选择（1-5）: ");

            Scanner scanner = new Scanner(System.in);
            choose = scanner.nextInt();
            System.out.println("******************************");
            switch (choose) {
            case 1:
                myAdd();          // 菜单项选择 1，即新增学生信息
                break;
            case 2:
                myUpdate();       // 菜单项选择 2，即修改学生信息
                break;
            case 3:
                myDel();          // 菜单项选择 3，即删除学生信息
                break;
            case 4:
                myList();         // 菜单项选择 4，即查询学生信息
                break;
            case 5:               // 菜单项选择 5，即退出系统
                System.out.println("您选择了退出系统，确定要退出吗？(y/n)");
                Scanner scan = new Scanner(System.in);
                String scanExit = scan.next();
                if (scanExit.equals("y")) {
                    System.exit(-1);
                    System.out.println("您已成功退出系统，欢迎您再次使用！");
                }
```

```
                break;
            default:
                break;
            }
        } while (choose != 5);
    }

    // 新增学生信息
    public void myAdd() {
        String continute;
        do {
            Scanner s = new Scanner(System.in);
            String no, name, phone;
            System.out.println("====新增学生信息====");
            System.out.println("学号：");
            no = s.next();
            System.out.println("姓名：");
            name = s.next();
            System.out.println("手机号：");
            phone = s.next();

            Stu stu = new Stu(no, name, phone);
            StuDao dao = new StuDao();
            boolean ok = dao.add(stu);
            if (ok) {
                System.out.println("保存成功！");
            } else {
                System.out.println("保存失败！");
            }
            System.out.println("是否继续添加(y/n)：");
            Scanner scanner2 = new Scanner(System.in);
            continute = scanner2.next();
        } while (continute.equals("y"));
    }

    // 删除学生信息
    public void myDel() {
        Scanner s = new Scanner(System.in);
        String no;
```

```
        System.out.println("====删除学生信息====");
        System.out.println("请输入要删除的学生学号：");
        no = s.next();
        System.out.println("该学生的信息如下。");

        StuDao stuDao = new StuDao();
        System.out.println("学生学号：" + stuDao.findSomeone(no).getNo());
        System.out.println("学生姓名：" + stuDao.findSomeone(no).getName());
        System.out.println("学生手机号：" + stuDao.findSomeone(no).getPhone());

        System.out.println("是否真的删除(y/n)：");
        Scanner scanner3 = new Scanner(System.in);
        String x = scanner3.next();
        if (x.equals("y")) {
            StuDao dao = new StuDao();
            boolean ok = dao.del(no);
            if (ok) {
                System.out.println("删除成功！");
            } else {
                System.out.println("删除失败！");
            }
        }
    }

    // 修改学生信息
    public void myUpdate() {
        Scanner s = new Scanner(System.in);
        String no;
        System.out.println("====修改学生信息====");
        System.out.println("请输入要修改的学生学号：");
        no = s.next();
        System.out.println("该学生的信息如下。");
        StuDao stuDao = new StuDao();
        System.out.println("学生学号：" + stuDao.findSomeone(no).getNo());
        System.out.println("学生姓名：" + stuDao.findSomeone(no).getName());
        System.out.println("学生手机号：" + stuDao.findSomeone(no).getPhone());

        System.out.println("请输入新的学生信息：");
        Scanner stuUp = new Scanner(System.in);
```

```
        String name, phone;
        System.out.println("学生姓名：");
        name = stuUp.next();
        System.out.println("学生手机号：");
        phone = stuUp.next();
        Stu stu = new Stu(no, name, phone);
        StuDao dao = new StuDao();
        boolean ok = dao.update(stu);
        if (ok) {
            System.out.println("保存成功！");
        } else {
            System.out.println("保存失败！");
        }
    }

    // 查询学生信息
    public void myList() {
        System.out.println("************************");
        System.out.println("====查询学生信息====");
        System.out.println("该学生的信息如下。");
        System.out.println("学号\t 姓名\t 手机号");
        StuDao stuDao = new StuDao();
        List<Stu> list = stuDao.list();
        for (Stu stuList : list) { // 循环输出查询结果
            System.out.println(stuList.getNo() + "\t" + stuList.getName()
+ "\t" + stuList.getPhone());
        }
        System.out.println("************************");
    }
}
```

14.2.5 主测试类 Main.java

Main 类是项目运行的主类，单纯作为程序的入口使用，比较简单。

示例代码如下。

```
package com.jason.stu;

// 主函数测试类
public class Main {
    public static void main(String[] args) {
```

```
        StuManage s = new StuManage();
        s.menu();
    }
}
```

小结

本章内容为之前内容的综合应用，读者可在仔细阅读的前提下独立进行编写。因篇幅问题，本书中项目仅仅实现了最基础的功能，读者可以在此项目的基础上丰富代码逻辑。亦有一些 Java 高级知识本书没有涉及，如 Java 图形用户接口、反射、Java 本地接口书写程序（Java Native Interface，JNI）等，有兴趣的读者可自行查阅相关资料。

思考与练习

为什么项目中所有的代码不写到一个.java 文件中？分开写的好处是什么？